U0410327

全国高等美术院校建筑与环境艺术设计专业教学丛书 Space Design For
实验教程 Brightness Perception

亮度空间设计

常志刚 编著

中国建筑工业出版社

图书在版编目（CIP）数据

亮度空间设计/常志刚编著．—北京：中国建筑工业出版社，2006
（全国高等美术院校建筑与环境艺术设计专业教学丛书实验教程）
ISBN 978-7-112-08714-3

Ⅰ.亮... Ⅱ.常... Ⅲ.空间设计：照明设计－高等学校－教材 Ⅳ.TU113.6

中国版本图书馆CIP数据核字（2006）第126813号

责任编辑：唐 旭 李东禧
责任设计：崔兰萍
责任校对：张树梅 王雪竹

全国高等美术院校建筑与环境艺术设计专业教学丛书
实验教程
亮度空间设计
常志刚 编著
*
中国建筑工业出版社出版、发行（北京西郊百万庄）
新 华 书 店 经 销
北京嘉泰利德公司制版
北京建筑工业印刷厂印刷
*
开本：787×960毫米 1/16 印张：8½ 字数：168千字
2007年1月第一版 2007年1月第一次印刷
印数：1—3000册 定价：39.00元
ISBN 978-7-112-08714-3
(15378)
版权所有 翻印必究
如有印装质量问题，可寄本社退换
（邮政编码100037）
本社网址：http://www.cabp.com.cn
网上书店：http://www.china-building.com.cn

全国高等美术院校建筑与环境艺术设计专业教学丛书
实验教程

编委会

● 顾 问（以姓氏笔画为序）

马国馨　张宝玮　张绮曼　袁运甫
萧　默　潘公凯

● 主 编

吕品晶　张惠珍

● 编 委（以姓氏笔画为序）

马克辛　王国梁　王海松　王　澍　何小青
何晓佑　苏　丹　李东禧　李江南　李炳训
陈顺安　吴晓敏　吴　昊　杨茂川　郑曙旸
武云霞　郝大鹏　赵　健　郭去尘　唐　旭
黄　耘　黄　源　黄　薇　傅　祎　鲍诗度

总 序

中国高等教育的迅猛发展，带动环境艺术设计专业在全国高校的普及。经过多年的努力，这一专业在室内设计和景观设计两个方向上得到快速推进。近年来，建筑学专业在多所美术院校相继开设或正在创办。由此，一个集建筑学、室内设计及景观设计三大方向的综合性建筑学科教学结构在美术学院教学体系中得以逐步建立。

相对于传统的工科建筑教育，美术院校的建筑学科一开始就以融会各种造型艺术的鲜明人文倾向、教学思想和相应的革新探索为社会所瞩目。在美术院校进行建筑学与环境艺术设计教学，可以发挥其学科设置上的优势，以其他艺术专业教学为依托，形成跨学科的教学特色。凭借浓厚的艺术氛围和各艺术学科专业的综合优势，美术学院的建筑学科将更加注重对学生进行人文修养、审美素质和思维能力的培养，鼓励学生从人文艺术角度认识和把握建筑，激发学生的艺术创造力和探索求新精神。有理由相信，美术院校建筑学科培养的人才，将会丰富建筑与环境艺术设计的人才结构，为建筑与环境艺术设计理论与实践注入新思维、新理念。

美术学院建筑学科的师资构成、学生特点、教学方向，以及学习氛围不同于工科院校的建筑学科，后者的办学思路、课程设置和教材不完全适合美术院校的教学需要。美术学院建筑学科要走上健康发展的轨道，就应该有一系列体现自身规律和要求的教材及教学参考书。鉴于这种需要的迫切性，中国建筑工业出版社联合国内各大高等美术院校编写出版“全国高等美术院校建筑与环境艺术设计专业教学丛书”，拟在一段时期内陆续推出已有良好教学实践基础的教材和教学参考书。

建筑学专业在美术学院的重新设立以及环境艺术设计专业的蓬勃发展，都需要我们在教学思想和教学理念上有所总结、有所创新。完善教学大纲，制定严密的教学计划固然重要，但如果不对课程教学规律及其基础问题作深入的探讨和研究，所有的努力难免会流于形式。本丛书将从基础、理论、技术和设计等课程类型出发，始终保持选题和内容的开放性、实验性和研究性，突出建筑与其他造型艺术的互动关系。希望借此加强国内美术院校建筑学科的基础建设和教学交流，推进具有美术院校建筑学科特色的教学体系的建立。

本丛书内容涵盖建筑学、室内设计、景观设计三个专业方向，由国内著名美术院校建筑和环境艺术设计专业的学术带头人组成高水准的编委会，并由各高校具有丰富教学经验和探索实验精神的骨干教师组成作者队伍。相信这套综合反映国内著名美术院校建筑、环境艺术设计教学思想和实践的丛书，会对美术院校建筑学和环境艺术专业学生、教师有所助益，其创新视角和探索精神亦会对工科院校的建筑教学有借鉴意义。

吕品晶

中央美术学院建筑学院教授

引 言

在建筑和环艺的圈子内谈“光”，人们总是习惯于把它归结到建筑技术的范畴。其实本书及所属课程探讨的是一种空间设计的理念。作者试图把相关的哲学、心理学、自然科学和技术串连成一种理性的和富于逻辑的思维方式，使学生能够认识到它们其中的内在联系和一致性，并引发学生探究本源的热情——这也许比单纯的教学生一种方法或知识更重要。

作者经常玩味密斯·凡·德·罗1950年在美国伊利诺工学院设计学院成立大会上发表的一篇题为《建筑与技术》的演讲词，他说：“技术远不是一种方法，它本身就是一个世界。……当技术实现了它的真正使命，它就升华为建筑艺术。……我们的真正希望是二者结合在一起，到有一天，其中之一就是另一个的表现。只有到那时侯，我们才有值得称为建筑的建筑。建筑成为我们时代的真正标志。”

建筑大师路易斯·康说：“设计空间就是设计光亮”。可以说，建筑师与照明设计师拥有一个共同的目标：塑造空间的视觉意象。在这个目标之下，建筑师应该如何从本质上理解光在空间中的作用，而照明设计师则应该进行“换位思考”，从建筑师的视角和立场理解光与空间的关系。本书以此为出发点构建自身设计理论的体系，使照明设计与建筑设计不仅拥有共同的目标，而且拥有共同的观念和设计语境。

本书力图摆脱专业的限定，以塑造空间的视觉意象为核心，把建筑设计和照明设计作为一种空间的视觉设计，从认识论的高度，对光与空间的关系从根本观念上进行了重新审视，探究空间视觉设计的基本内涵，并推演出光与空间设计的观念和方法。

目 录

第1章
亮度空间

1.1 感觉与认知的起点

建筑大师路易斯·康说："在我的性格中，总想发现起点。这种想像有可能促成思想的出现。"看来"起点"是康的理论的关键。康没有明确说明"起点"是什么，但他强调"第一感觉"以及由此产生的"惊叹"。路易斯·康在《静谧与光明》中写道："静谧……是一种可称之为无光（lightless）、无暗（darkless）的东西，……存在的愿望，表达的愿望……"。"光明，一切存在的造就者，也造成了物质，物质产生了阴影，阴影属于光明"。虽然他的文字如诗一般隐晦，但"光"、"阴影"等字句中流露着明显的视觉倾向。

感官不仅仅是一种渠道，它是认知与表现的起点，它在很大程度上影响甚至左右人的思想，人的观念中总是留下鲜明的感官的印记。

2000年夏天，加拿大导演杰里米·普斯德瓦推出影片《感官五重奏》，该片中五位年龄身份各异的男女，他们各自有其独立的故事，每个故事都与五种感官——听觉、视觉、嗅觉、味觉以及触感相联系，每个人强调某一种感官。导演试图利用感官进行表现人性的实验。无独有偶，美国《纽约客》杂志专栏作家黛安·艾克曼在其新作《感官之旅》中说，历史上最伟大的感官享受者是缺乏数种感官的残障女性：海伦·凯勒。她写道："虽然她（海伦·凯勒）残障，但却比她那个时代的许多人都生活得更深刻。"

物理学家恩斯特·马赫（1838—1916）认为，我们惟一所能感受的只是感觉和心理现象。感觉应该成为一切科学，包括物理学与心理学的基本对象，并强调：内省就一切科学而言是必要的，因为它是惟一一种能够分析感觉的方法。科学家的工作就是指出哪些感觉通常是一起出现的，并用精确的数学术语描述它们的关系。马赫在《感觉的分析》中写道："物、物体和物质，除了颜色、声音等等要素的结合以外，除了所谓属性以外，就没有什么东西了。""……由颜色、声音、压力等在时间和空间方面联结而成的复合体，……叫做物体”。[①]

中国历史上有一个爱抬杠的人骑马出城，看守城门的士兵拦住他说，马不能出城。他回答道，他骑的是白马，不是马。细想起来这位爱抬杠的“哲人”的话不无道理，世界上有红马、黑马等形形色色的马，惟独没有“马”这种抽象概念的存在。我们同样可以说世界上有视觉的建筑、听觉的建筑、触感的建筑，而没有脱离感官的“抽象的建筑”。如果一个建筑让人无从感知，那么它有何存在的意义，又何从谈起建筑的理论呢！我们应该推出建筑版的《感官五重奏》，把建筑设计与人的各种感官相联系，使每个层面的设计充分呼应相应的感官，实现人性化的设计。

1.2　从印象派绘画说起

说到光，特别是光在视觉艺术中的表现，就不能不提印象派绘画。

“印象派”其得名自有一番典故，1874年在巴黎举办了一次有30多位画家和雕塑家参加的“无名画家展览会”，其间有一幅莫奈的风景画题为《日出·印象》。一篇短评借莫奈的画题把这次画展称之为“印象主义画展”。这个强加的名称其实颇具嘲讽之意，它不仅代表了官方对“无名画家”们的嘲讽，也代表了传统观念对新生艺术的嘲讽。当初不少印象派画家对这个名称大为反感，但它多少指出了这次画展的特点，也代表了一个共同的艺术思潮和趋势，便逐渐被人们叫开了。[②]

艺术形式上的转变往往有两种情况：一种纯粹是风格式样的翻新，另一种则是基于基本观念的变革，印象派无疑是属于后者。印象派画家在当时直接受到了自然科学中的光学和色彩学研究的影响，尤其是德国科学家赫尔姆霍茨的《色调的感觉》和《生理学的光学》，以及法国科学家希凡诺的《色彩在工艺美术上的应用》等纯科学性的论著的发表，使印象派画家们提高了对光与色的兴趣和理解。他们根据这些科学理论提出，世界上的一切物体都是因光的照射作用而显现出它的物象的，而一切物象是各种不同色彩的结合，即赤、橙、黄、绿、青、蓝、紫太阳七原色的组合。以此看来，不存在“光”，也就无所谓“色”，失去了光与色也就不存在任何物象了。而作为一个画家，必须把光与色的表现作为主要的任务，具体物象的表现也应该服从于光与色的表现，莫奈曾说过：“绘画的主角是光”。[③]

古典绘画是建立在透视学和解剖学的基础之上的，注重的是对具体物象的刻画，

---

① [奥]马赫著.感觉的分析.洪谦等译.北京：商务印书馆，1977：1-5.
② 大英视觉艺术百科全书（中文版）.台湾：台湾大英百科股份有限公司，1994：20-29.
③ 同上.

它的技法服务于具体物象的三维实体表现，力求达到所谓“照相真实”。古典主义画家虽然也曾注意自然中的光与色，但他们是通过光、色来描绘实体，而印象派画家的动机与他们不一样，印象派画家只对光、色本身感兴趣，不管这些光、色是来自池塘、河流、树林，还是来自人体、舞厅、街道。这就使得光、色具有了游离于具体物象而存在的可能，而正是这种“游离”使绘画产生了质的飞跃。

就像一粒种子，一旦获得生命，便会成为一个独立的个体，按照自身的方式发展繁衍。早期的印象派画家对于光色的表现并未妨碍他们笔下形体的明晰。后来随着对于光、色的进一步重视，他们有意识地淡化具体物象的刻画而凸显光色的表现，以至声称在他们观察物象时眼前闪烁的就是各种各样的色点，而画面的形成和物象的结构就是由这些色点构成的，于是，画面中物体的轮廓线便朦胧在一片闪烁的色点之中了，见图1-1、图1-2。

图1-1　早期印象派画家笔下的形体依然明晰
(图片来源：大英视觉艺术百科全书)

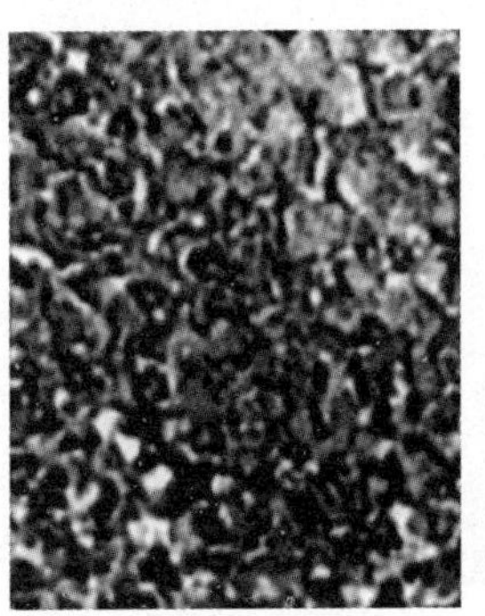

图1-2　有意识地淡化具体物象的刻画而凸显光色的表现
(图片来源：大英视觉艺术百科全书)

绘画从此由具象开始向抽象渐变，这种变化预示着绘画的中心观念从“实”向“虚”的转移，使绘画从“实体的重负”之下解脱出来，这尤其明显地反映在新印象派（即点彩派）画家的作品之中。新印象派的代表人物修拉根据物理学上“分光镜”对自然的分色现象提出了自己的分色理论，他主张运用单个的笔触和纯色进行并排（而非叠加混合），通过视觉对并排的纯色进行混合，即以视觉的混成取代颜料的混合，因为视觉上的混成所激发的亮度要比混合的颜料所产生的亮度要强得多，并且将色调分解成组织结构的元素进行组合、对比。塞尚和莫奈等人也得到了相同的结论，他们都认为应该要全面强调每幅画的色彩结构。

基于这种认识，后期印象派绘画在形式上发生了两个显著的变化——强调对比的法则和对画面的平面特质之追求。由于采用纯色的并排平列，每一种色彩都是“主动”的，也就不存在“阴影”的概念，于是三维实体的视幻效果减弱了，画面自然趋于平面化。这种平面化的风格又反过来促使画家专注于画面的整体性和构成性——画面结构。平面化的风格和对画面结构的追求，使视觉形式摆脱了以实体写实为目标的“光影表现”的束缚，解体了光影空间的客观秩序，画家自觉的调度色彩和明暗因素来构筑画面，这是对自然的超越，极大地拓展了艺术表现的疆域，为之后许多绘画的中心观念——尤其是抽象主义和表现主义奠定了基础，并起到了催生作用。

图1-3是抽象主义画家的作品，从中可以看出，画家完全脱离了具体形象，而专注于色彩和画面的整体结构与构成关系，呈现出强烈的平面特质，其他很多现代绘画

图1-3 专注于色彩和画面的整体结构构成关系
（图片来源：大英视觉艺术百科全书）

也都具有这样的特点，这无疑是汲取了印象派绘画的核心观念。[①②]

抽象主义大师康定斯基曾给予印象派极高的评价："新印象主义就是把自然的全部闪耀和光辉一同搬到画面，而不是被分割的局部。"他甚至将德彪西的音乐和印象派相提并论，认为二者都表现出对本质内容的执着追求，创造出抽象的精神印象。

印象主义的革命性观念从根本上改变了绘画的面貌，并超越了绘画的领域，对往后的视觉艺术产生了深远的影响，建筑当然不会例外。柯布西耶有一句被广泛传诵的名言："建筑是对阳光下的各种体量的精确的、正确的、卓越的处理"，从内容表述和时间上推断都极有可能是受印象主义的影响；路易斯·康说："结构是光亮的赐予者。当我选择了一个结构序列，一根柱子并排挨着一根柱子，这一序列就显现一种无光、有光、无光、有光、无光、有光的韵律。拱顶，穹隆，也都是一种光亮特征的选择"，"设计空间就是设计光亮"。这简直就是建筑版的印象派宣言。英国著名建筑师罗杰斯说："建筑是捕捉光的容器，光需要可使其展示的建筑。"安藤忠雄同样认为建筑设计就是要"截取无所不在的光"。可以看出印象派的观念对几代建筑师的潜移默化的影响，或者说是一种共识。

除了"共识"，那么，建筑师能否或应该如何在空间视觉设计的具体的思想方法上借鉴印象派绘画的成就呢？

印象派绘画是根植于科学而绽放的艺术之花，一方面它萌芽于纯科学的理念，其演变过程严谨而合乎逻辑（在下文中有进一步的分析），而另一方面它的表现形式却是那么的耳目一新出人意料，以至于当时的评论家认为印象派的作品"只是一个笑话，只是一种捉弄老实人的企图而已"。从这些评论家的词句中我们不难想像当时印象派绘画在普通人眼中是多么的另类和不可思议。而更不可思议的是，印象主义竟成为现代艺术的起点，之后的抽象主义、表现主义、立体主义等极为主观表现的绘画流派，无不与印象主义有着渊源和千丝万缕的联系。印象派把看似"水火不相容"的两个方面集于一身且不留痕迹，以至无法区分哪里是"科学"哪里是"艺术"，或从何时"科学"转变为"艺术"。

在现代物理学中也曾有过一次"不可思议的融合"，那就是爱因斯坦的光的"波粒二象性"理论。波动性与粒子性在经典力学中是两种完全不同的属性，是相互独立和不相容的，然而爱因斯坦却论证了这两种属性在光中不仅是相容的而且是一体的，是同一事物的两种表现——光同时既是波也是粒子。"波粒二象性"理论是现代物理学的

---

① 王中义，许江.从素描走向设计.北京：中国美术学院出版社，2001：61-73.

② 世界绘画珍藏大系.上海：上海人民美术出版社，1998.

一块基石，“二象性”所代表的相融观念已成为理解和研究现代物理学必备的基本要素。印象派绘画同样表现出了一种相融观念，在其中科学与艺术是一体的，作者称其为科学与艺术的“二象性”。

这是值得建筑专业人士深省的。人们一直喋喋不休的纠缠于建筑是艺术或是技术或是技术与艺术的结合，甚至以此为依据来断言建筑应该是偏感性或是偏理性，重形式或是重功能；先理性或是先感性，何种建筑应该重形式，何种建筑应该重功能。比照于印象派看来，这种争论的意义不大，就像在瞎子摸象的寓言中，我们无法评判哪一个瞎子的描述更准确一样；因为这种争论实际上是停留在传统的观念中，把科学与艺术割裂开来，把二者看作是需要结合的两个分离的领域，这种观念无法阐释现代设计所面临的问题。作者认为应该把科学与艺术的“二象性”观念作为从事现代设计的一种基本姿态，对于现代设计而言，科学与艺术本质上是一回事，是同一事物的两种属性，其关系正如密斯·凡·德·罗所说的：“其中之一就是另一个的表现。”

长期以来，在建筑学学科内，设计与技术泾渭分明，近年来有识之士一直倡导和探索设计与技术的结合，并大有形成一种潮流之势。作者认为，分析印象派绘画的观念，无疑将会起到借鉴的作用。

1.3 “亮度空间”概念

如前所述，印象派的基本出发点是认为世界上的一切物体都是因光的照射作用而显现出它的物象的，不存在“光”，也就不存在任何物象了。这在建筑中也是适用的，人的肉眼只能对某一波段的可见光做出反应，如果物体不能发出可见光，人眼就不能感受到它的存在，也就没有视觉意义。而物体要发出可见光就必须具有亮度。人实际上是通过物体的亮度来感受其视觉存在的，失去了亮度也就不存在任何物象了。基于此，作者提出了“亮度空间”的概念：如果把由实体元素构成的空间称之为“实在空间”，那么由实体元素的亮度构成的视觉空间就称为“亮度空间”。既然实体元素只有通过亮度才能被视觉所感受，那么“实在空间”只有转化为“亮度空间”才能被视觉所感受。

正如路易斯·康所说：“设计空间就是设计光亮”。“亮度空间”才是建筑空间作为一种视觉艺术设计的真正目的，而实体形式的构筑只是一种准备和前提。因此在对建筑进行视觉设计的时候，就应该如印象派把光与色的表现作为主要的任务，具体物象的表现服从于光与色的表现一样，把亮度的表现作为主要的任务，具体建筑元素的设计应该服从于亮度的表现。

需要说明的是，“亮度空间”虽然依附于“实在空间”，但二者不必要一一对应，比如实在空间中存在的元素，亮度空间不见得一定要有所表现；而某些实体元素不仅要通过光亮加以强调、夸张，甚至根据亮度空间的需要生成新的形式。也就是说，亮度空间应该游离于实在空间，具有相对的独立性。这种相对独立性使亮度空间获得了自我表现的可能性。

在此，我们应该采取现象学的立场，把一切直观材料和想法，包括信念、态度、知识、常识、价值观、目的性、实用性等都悬置起来，终止一切判断。我们在空间中所看到的，就是各种亮度（和色彩）；我们的视野就是由无数明暗梯阶的亮度（和色彩）单元组成的阵列。不管这些“亮度”是谁形成的——金属、玻璃、木材或涂料，也不做如照度、反射性等物理知识的联想，或地板、顶棚、墙体等的判断。我们视觉所感受的就是多层次的亮度系列组合而成的空间——光视空间。这也正是印象派画家对待光、色所采取的态度，即只对光、色本身感兴趣，而不管这些光、色来自何物。

在我们的常识中，阴影代表了体积或面的转折，我们不自觉地会通过光影进行关于实体的判断。然而设计“亮度空间”的第一原则就是要“忘却”视觉经验。图1-4（*a*）是让无数建筑师唏嘘感叹的帕提农神庙，我们都会睁大眼睛陶醉在它生动的光影和斑驳有力的形式之中。然而在这里我希望大家采取印象派画家对待光色的态度，即只对光、色本身感兴趣，而不管这些光、色来自何物。眯起眼睛，忽略能够引起实体联想的细节，不要把阴影联想为面的转折或体积的起伏，而只看作是纯粹的明暗层次的变化，从而专注于整个画面的明暗对比和明暗转换关系以及明暗层次的整体结构，见图1-4（*b*）。

亨利·摩尔在谈到如何欣赏现代雕塑时有一段耐人寻味的话：“感受形式就是要感受形式本身，而不要做回忆或经验的联想”。可以把这句话套用到“亮度空间”中：“感受亮度空间就是要感受亮度和亮度层次本身，而不要做回忆或经验的联想。”在这个方

（*a*）

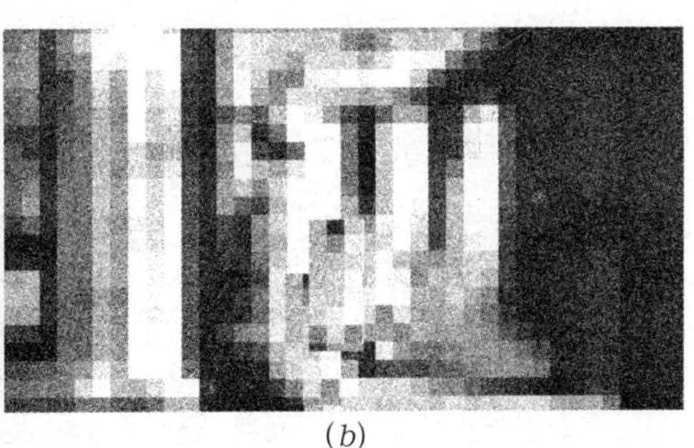
（*b*）

图1-4 帕提农神庙的“亮度空间”设计
（*a*）帕提农神庙（图片来源：希腊建筑）；（*b*）帕提农神庙的亮度空间（作者自绘）

图1-5　建筑立面实体与阴影的关系
（图片来源：美国纽约摄影学院摄影教材）

面摄影师似乎比建筑师先行一步，他们更懂得明暗层次在画面结构中的重要性。在贝纳德·P·乌尔夫拍摄的建筑立面中（图1-5），阴影在视觉表现上绝不是处于实体的从属地位，而是与实体同样的“主动”与“实在”。应该强调的是，实体与阴影在视觉感官上的意义是同等的，都是可以感受的明暗标识，是如同印象派笔下的色彩并排一样的“亮度并排”。以这样的观念，才可以打破以表现实体为目的的光影处理原则，而代之以表现亮度明暗为目的，自觉地调度亮度明暗的因素来构筑空间画面。

当前设计中常见的一个问题是，虽然空间的各个立面造型比较丰富，但明暗关系基本上只是起到了再现实体造型的作用，空间画面整体上呈现出均质的亮度，明暗层次单一，没有充分体现出亮度的表现作用，更谈不上对亮度明暗因素的自觉调度（见图1-6）。

在一些优秀的日本建筑设计作品中，明暗对比与构成显然支配着整个空间画面，设计师通过对亮度明暗因素的调度，营造出了强烈的场所精神，它们可以说是空间设计的印象派作品（见图1-7）。安藤忠雄认为，现代建筑消除了黑暗，创造了“过分透明的世界”——一个“泛光的世界”；“这种光晕般扩散的光的世界，就像绝对的黑暗一样，意味着空间的死亡”，这将导致场所意义的丧失。他进一步说明：“在到处布满

图1-6　均质的亮度令空间层次单一
（图片来源：室内照明设计应用）

(*a*) (*b*) (*c*)

图1-7 空间设计的印象派作品（图片来源：Light and Space）
(*a*) 巴拉干作品；(*b*)某日本餐厅；(*c*)某日本餐厅

着均质光线的今天，我仍然追求光明与黑暗之间相互渗透的关系。”安藤所说的“追求光明与黑暗之间相互渗透的关系”，可以理解为追求空间整体上而非仅仅是局部的亮度明暗层次之对比。

在超越视觉经验并强调明暗层次和对比的同时，更应该强调空间的亮度结构——“亮度空间”的整体性和构成性。为此在设计时可以借鉴印象派处理画面结构的方法，追求空间画面的平面特质，作者对空间画面进行的平面化处理，图中省略了能够引起经验联想的细部造型，凸显画面明暗层次的整体结构。对平面特质的追求将有助于设计师专注于追求空间的本质内容，使作品进入某种精神境界，如图1-8所示。

图1-8 “亮度空间”的整体性和构成性
（图片来源：Light and Space）

第2章
光的素描

2.1 回归视觉

曾有报道称，科学家们通过先进的天文望远镜目睹并记录了一颗超新星诞生的过程。这颗超新星距地球一千光年。这就是说，科学家们所“目睹”的是，超新星一千年前发生的事情!

人们常说“眼见为实”，其实，人们看到某个实体，是因为人眼接收到了来自于实体的“光”(视觉信息)，如果没有“光”，比如实体处于黑暗中，对于人眼来说它是不存在的(看不见)——月有圆缺，变化的是“光”，而非月球本身。对于视觉而言，真正有意义的是实体的“光”而非实体本身，或者说，我们“看到”的是光而非实体。

图2-1是作曲家斯特拉文斯基指挥他创作的管弦乐作品的精彩镜头，摄影师欧恩斯特·哈斯把人物的实体大部分隐没在黑暗之中，而只突出了能够说明人物的关键“光亮”，如同漫画家用简单的笔触勾画人物肖像一样。作品通过实体的“光亮”而非实体造型对人物进行了传神的刻画，伦伯朗的绘画作品有着类似的特点。第1章中的印象派作品放弃了对场景中每一个实体轮廓和细部造型的描绘，而直接用色点表现实体的光与色，使作品形成了绚丽夺目的整体构成效果。这两个作品都有意识地回归视觉，凸显作品中实体的明暗光色等视觉属性，让作品从视觉的角度与欣赏者的视觉直接对话，使作品更加鲜活生动，并使作品有了更加广阔的主观表现空间。我们能否把美术的成就引入亮度空间呢?

图2-1　用实体的光亮来塑造人物形象
(图片来源：纽约摄影学院教材)

其实，人的眼部构造如同一个照相机，视网膜相当于底片。虽然F.L.赖特曾明确表示相片不能表达时空的四维特性，但无论空间是三维也好、四维也好，空间景象在视网膜上的投影只能形成一个二维的画面。

心理学家的实验也证实了，深度运动现象是由两维空间上运动的刺激物产生的，这一深度运动现象是建立在生活经验基础上的[①]，也就是说，所谓“立体的”空间感受是随着视觉运动，根据经验，由视网膜上一系列二维画面复合所形成的三维或四维的“视幻”而已。因此可以把“亮度空间”分解为一系列明暗构成的画面，把设计空间转化成为设计一系列明暗构成的画面之组合，这样就可以把建筑空间从视觉艺术的角度进行表现与创意，创造具有艺术震撼力的视觉空间。

包豪斯的基础课程教师琼斯·伊顿说：“对于从事美术的人来说，明暗对比是最具表现力和最重要的构图方法之一。”“明暗对比是处理亮部和暗部以及三维空间形式的理想手段。我们必须牢牢记住，基本依赖于明暗效果的构图决非产生于线条轮廓，因为块面的色度与和谐取决于明暗对比的力度。”由此他设计了一系列明暗练习，要求学生创作各种明暗色调的非具象色块，也可以自由地想像，在色调变化中塑造各种可能的精神表现，如图 2−2 所示。

他还让学生对新旧名作中的明暗构图和表现的可能性进行分析研究，图2−3是哥雅的画作《阿尔巴的公爵》的几何分解图，画作对色调变化进行了简化处理，目的是引导学生全面地学习整个画面的构成，而不是客观造型，画面中的每一局部都是由各种层次的黑、白、灰色调构成的，而没有用线条去勾勒形体，作品引导人们关注的不是实体造型而是整体丰富的明暗关系，画面呈现出抽象和构成的味道。琼斯·伊顿认为“艺术家的气质决定着他能否以一种明确有序的构成方式去运用明暗对比，能否从

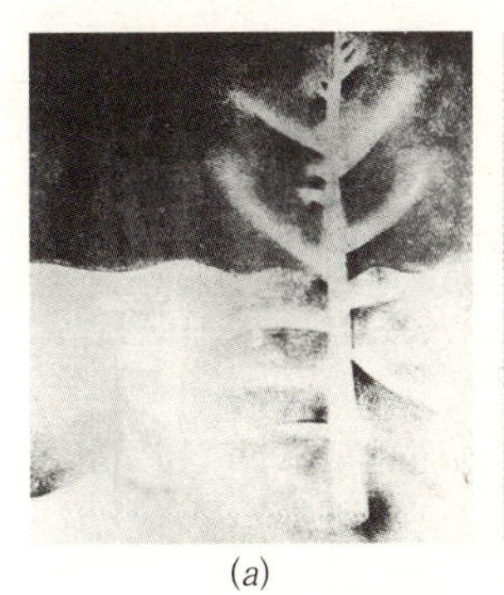
(a)

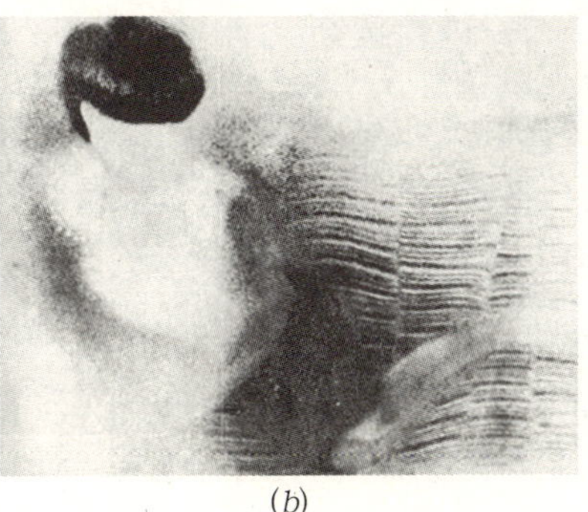
(b)

(c)

(d)

图 2−2　包豪斯学校课程基础训练作业

① 荆其诚，焦书兰，纪桂萍著.人类的视觉.北京：科学出版社，1987.

图2–3 《阿尔巴的公爵》几何分解图

纯视觉的角度去处理明暗关系，或是把它作为一种高度敏感的表现方法。”

琼斯·伊顿的构图理论和明暗构成的训练对于亮度空间设计不仅是非常值得借鉴的而且是必要的。对于亮度的把握应该如同对绘画中明暗色调的把握，在亮度空间的设计中体现出“艺术家的气质”和高度敏感的表现方法。

作者把琼斯·伊顿的这种方法应用在设计教学中，强调对建筑空间进行明暗素描的练习，让学生眯起眼睛专注于对建筑空间明暗关系和亮度层次的捕捉与表达，而对形体不作细致的勾画。作者进一步改变在白纸上用碳铅进行设计和表现的模式，设计了一个练习——黑卡纸素描：采用黑卡纸和白色或其他亮颜色的彩铅或水粉进行设计和表现。因为白纸上的黑色笔触是为了勾勒和表现实体的形态，而作者要引导学生把每一笔触都设想是为实体材料涂抹“光亮”，而不要认为是在刻画实体造型，每一笔都是一个亮度状态、一个视觉的要素，而非实体的元素。由于黑卡纸和彩铅的限制，学生无法对形体进行精细和准确的刻画，而只能专注于空间明暗关系和亮度层次的构思与表现。

2.2 黑卡纸上的素描

2.2.1 素描一

在黑卡纸（A4或A3）上，用彩铅、水粉或其他颜料对一个具有光感的空间场景（也可以是空间场景的照片）进行描绘或表现。

作业要求：

1.把每一笔触都设想是为一个亮度元素、一个视觉要素，而非实体的表现；

2.专注于空间明暗关系和亮度层次的体验与表现，而不对形体进行精细和准确的刻画；

3.关注和突出表现空间场景中光的构成性与平面特质；

4.可以不拘泥于空间的实体形式，凭自己的感受自由发挥和创作光的表现形式。

图2–4、图2–5、图2–6为部分学生作业。

图 2–4　中央美术学院建筑学院 2003 级学生作业
（学生：封帅、李丽卓、李景明、付雅琳）

图 2–5　中央美术学院建筑学院 2003 级学生作业
（学生：李景明、柯荃、姜勇、刘杨格）

图 2-6　清华大学建筑学院 2001 级学生作业

这些学生作业大概可以分为两大类。一类是写实的，从这些作品中可以看出学生们扎实的绘画功底，这虽然不是本次作业的导向，但还是可以看出他们对于光的关注和对明暗亮度层次及色彩的细微感受和观察，也可以看出他们以光作为出发点，对于构图和画面取舍的选择，也算达到了一定的教学目的，而且不失为赏心悦目的空间绘画作品。

第二类是表现性的，学生们对空间场景进行了变形和夸张，无论是色彩还是明暗，作品的张力很强。作品没有拘泥于原有的空间、界面形式和材质，而是用光塑造出更具表现力的新的形式和肌理：有的如点彩派绘画一样的富于节奏和力度，有的如丝绸般柔美光洁。如同印象派把光与色的表现作为主要的任务，具体物象的表现服从于光与色的表现一样，这些作业打破了以表现实体为目的的光影处理原则，而代之以表现亮度和色彩为目的，自觉地调度亮度明暗和色彩的因素来构筑空间画面。它们很好地体现出印象派绘画的两个显著特征，即强调对比的法则和对画面的平面特质之追求。从这些作品中可以看到，"亮度空间"既依附于"实在空间"，又游离于"实在空间"，具有相对的独立性，正是这种相对的独立性使"亮度空间"获得了自我表现的可能性。

2.2.2 素描二

这个练习是在作者所指导的室内设计课上进行的。作者要求学生在黑卡纸上进行室内空间意象的构思（而不是在白纸上用碳铅进行设计和表现的模式）。在"黑卡纸草图"的统领下，开始在平、立、剖面上同时对光与空间及实体造型进行设计，并着重调整光源(包括天然采光)、灯具在空间中与实体界面间的位置关系及它们的光学特性。然后反过来再对"黑卡纸草图"进行调整，如此进行多轮的反复。

这个做法是为了让学生在对室内空间进行视觉设计的时候，把亮度的表现作为目的，空间的造型、界面的形式、肌理以及照明灯具的选择应该服从于亮度的表现，并使室内空间设计与照明设计的视觉表现统一在对"亮度空间"的设计与构筑之中。

图2−7～图2−14是部分学生作业（其中图2−7～图2−12是华侨大学建筑学院1993级学生作业，图2−13、图2−14是中央美术学院建筑学院2003级学生作业）。

图 2–7 居室设计（黑卡纸素描）

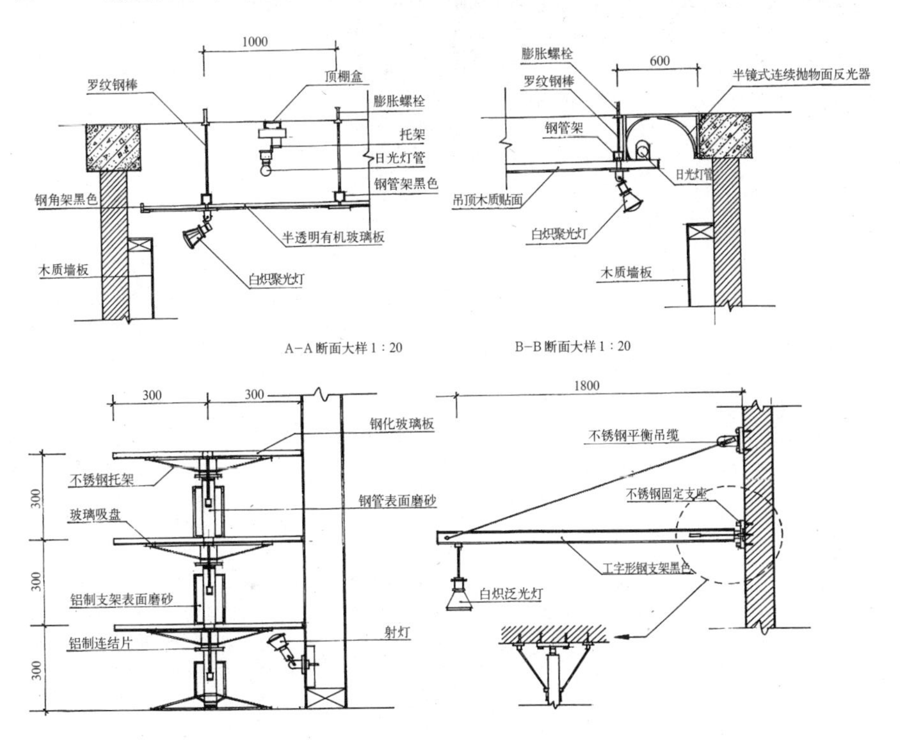

图 2–8 细部构造和照明设计

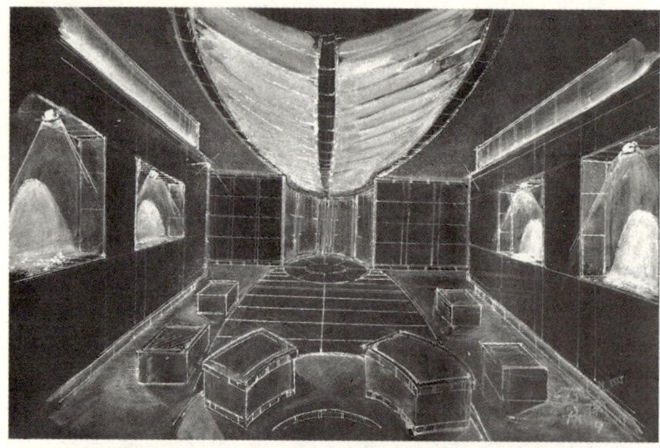

图 2-9 公共空间——休息厅设计（黑卡纸素描）

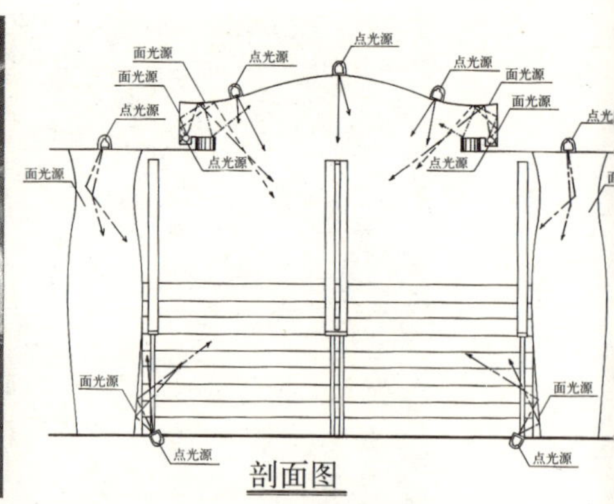

图 2-10 剖面设计和照明分析

图 2-11 公共空间——门厅设计（黑卡纸素描）

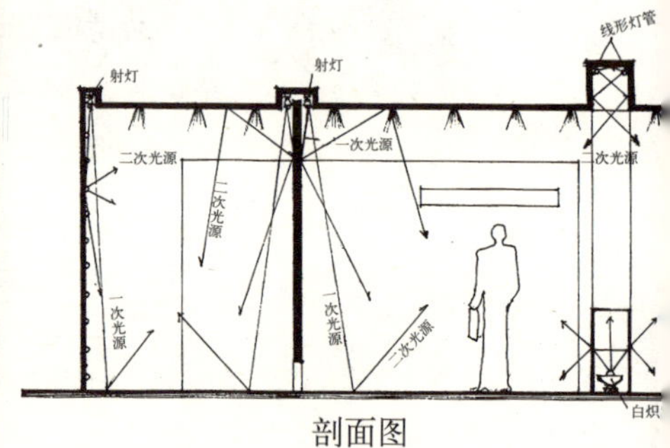

图 2-12 剖面设计和照明分析

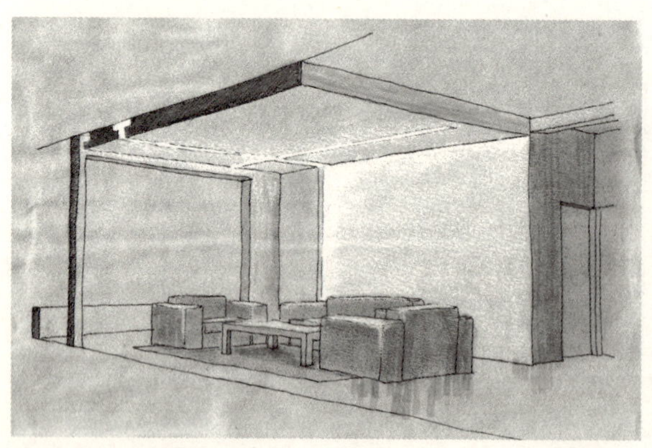

图 2-13 居室设计

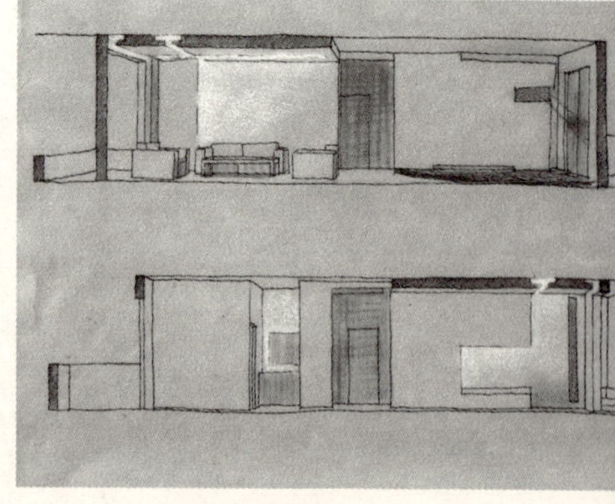

图 2-14 立面和剖面设计

第3章
什么是光

3.1 光的哲学

在我们的认知习惯中，光与实体是两回事，光只是实体的一种物理“现象”，这实际上是现象学所批判的二元论的古典哲学观念，即“现象”是实体（本体）的表现或显现，而“事物本身”则隐藏在现象背后或深处。

现象学认为，现象就是事物本身。“光”是我们眼睛能“看到”的惟一现象（没有光我们什么也看不到），我们不要去联想或去推测“实体”如何如何，我们只需要关注“光”，因为，按照现象学的观点，我们所看到的现象就是事物的本身，或者，对于视觉而言，光就是事物本身。这也正是印象派绘画所蕴含的观念。

电影大师费里尼说：“光就是一切：主旨、梦想、情感、风格、色彩、格调、深度、氛围、叙事、意识形态。光就是生命”。他经常强调，电影制作的重中之重就是光，“纯粹的情感，兴奋和惊喜就是我在一个空敞的摄影棚中所感受到的：一个用光创造出来的世界”。在集中在故事本身或演员的才情之前，费里尼通过运用光的无穷妙趣彻底改变了这个世界。

在远离费里尼之梦幻的现实世界里，光也是如此：因为光定型了我们看待世界的特有方式。

图3-1是一组优秀的摄影作品，其中图3-1（*a*）、图3-1（*b*）两幅作品把山峦抽象为由明暗组成的一种节奏，犹如凡高的画作《夜空》一样表达着某种对于自然的哲学思考，不言而喻还有美感；图3-1（*c*）通过简单的“道具”和光线把普通的夜色营造出一种精灵般的神秘境界；图3-1（*d*）中梵蒂冈地平线上的日出则让人们感受到了创世纪的那种震撼。这些作品通过在胶片上独特的光的记录改变了我们习以为常的视觉体验，赋予平常事物以神奇的魔力，给予我们理解世界以全新的视角。

(a)　(b)　(c)　(d)

图 3–1　“光”影响了人们看待世界的方式

3.2　光的科学

3.2.1　眼睛的视觉特性

人眼的视网膜有两种感光细胞：锥状细胞和杆状细胞，两种感光细胞各有各的功能特征。锥状细胞在明亮环境下，对色觉和视觉敏锐度起决定作用，能分辨出物体的细部和颜色，并对环境的明暗变化作出迅速的反应，以适应新的环境。而杆状细胞在黑暗环境中对明暗感觉起决定作用，它虽然能看到物体，但不能分辨其细部和颜色，对明暗变化的反应缓慢。

从科学的角度上讲，光是一种电磁波，而人眼只能对其中380～780nm的波段（可见光）做出反应（图3–2），不同波长的光在视觉上形成不同的颜色，例如700nm的光呈红色，580nm的光呈黄色，470nm的光呈蓝色。

人眼在观看同样功率的可见光时，对于不同波长的光，感觉到的明亮程度是不一样的。人眼的这种特性采用国际照明委员会（CIE）的光谱光视效率（V）曲线来表示

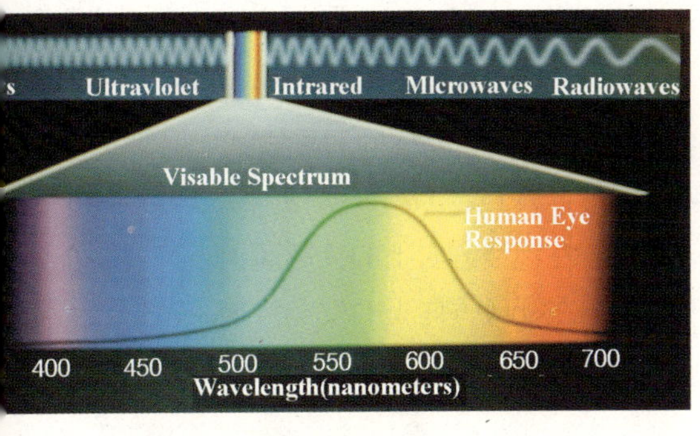

图 3-2 可见光谱

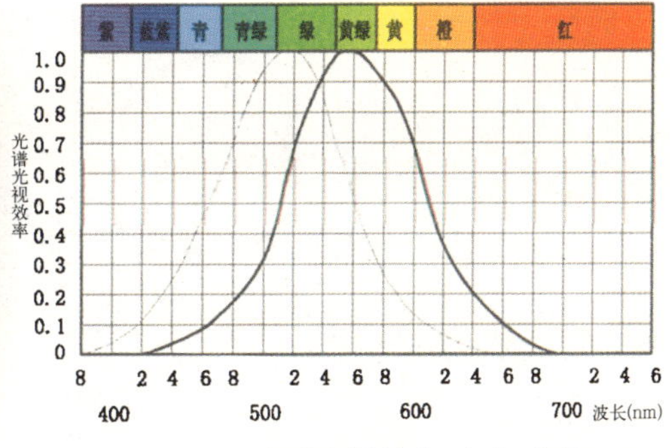

图 3-3 光谱光视效率（V）曲线

（如图 3-3）。人眼在明视觉和暗视觉状态下对光的视觉敏感度是不同的，分别对应两条曲线（图中的重实线和虚线），而且在可见光谱范围内呈抛物线状。曲线显示，在明亮的环境中，人眼对黄绿光最敏感，峰值在 555nm 处，敏感度向波长短的紫光和长波的红光方向迅速递减，在暗环境中，曲线向短波平移，峰值在 510nm 处（蓝绿光）。

3.2.2 光的明暗

以下简要介绍衡量光的明暗强度的一些物理指标。

1.光通量

光源在单位时间内向周围空间辐射出去的并使人眼产生光感的能量，称为光通量，用符号 Φ 表示，单位为 lm（流明）。在光学中规定，发出波长为 555nm 黄绿光的单色光源，若辐射功率为 1W，则它发出的光通量为 683 lm。

2.发光强度

光源在空间某一方向上的光通量的空间密度，称为光源在这一方向上的发光强度，以符号 I 表示，单位为 cd（坎德拉）。

3.照度

被照表面单位面积上接受的光通量，称为被照面的照度。用符号 E 表示，单位为 lx（勒克斯）。照度可表示为：

$$E=\Phi / A$$

式中 E ——被照面上的照度（lx）；

Φ ——被照表面上接受的光通量（lm）；

A ——接受光照的面积（m^2）。

照度 1lx 表示 1lm 的光通量均匀分布在 $1m^2$ 的被照面上。

4.亮度

物体发出的光线进入眼睛，在视网膜上成像，使我们能够识别它的形状和明暗。视

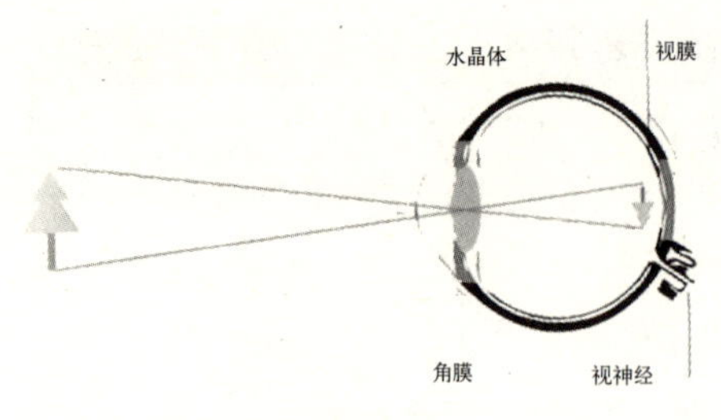

图3-4 视觉成像示意图

觉上的明暗知觉取决于进入眼睛的光通量在视网膜物象上的密度——物象的照度，如图3-4所示。这说明，物体的明暗或亮度取决于两个因素：

①物体在视线方向上的投影面积；

②物体在视线方向上的发光强度。

表3-1列出了各种发光体的亮度。

各种发光体的亮度 **表3-1**

发光体	亮度（cd/m^2）
太阳表面（通过大气观察）	1.47×10^9
微阴的天空	5.6×10^3
充气钨丝灯	1.4×10^7
40W荧光灯	5.4×10^3
电视荧屏	170～350
照度为30 lx的白色物体	10

3.2.3 光的颜色

1.光色与物体色

人眼能够感知和辨认的每一种光色都能用红、绿、蓝三种颜色匹配出来。但是，这三种颜色中无论哪一种都不能由其他两种颜色混合产生。因此，将红（700nm）、绿（546.1nm）、蓝（435.8nm）称为光的三原色。

光的混合是相加混合，几种颜色光组成的混合亮度，是各颜色光亮度的总和。它应用于不同类型光源的混光照明、舞台照明、彩色电视的颜色合成等方面。

物体色的混合（比如颜料的混合）、不同彩色滤光片的组合，是相减混合。物体表面对于光的选择性反射是颜色相减的过程。深红色的颜料吸收了白光中大量的蓝和绿，只反射红色，也就是从入射光中减掉了蓝和绿。同样的道理可以说明一块黄色的滤光片由于减掉了蓝色，透过红光和绿光，二者混合而呈黄色。

所以物体色的三原色是减法原色，分别是加法三原色红、绿、蓝的补色，即青（减红）、品红（减绿）和黄（减蓝）。两种颜料混合或两个滤光片重合时，有重叠相减的效果，而且相减混合得到的颜色比原有的颜色要暗一些。

于是，我们可以更好地理解建筑大师路易斯·康的一句名言："材料是消耗了的光"：材料反射和吸收的光谱范围和比例各有不同，不同实体材料之所以呈现出不同的色彩、肌理和造型，是因为它们各自"消耗"（减掉）了不同的光。

2.色温

光源的光色常用色温来描述。在黑体辐射时，随温度的不同，光的颜色会随之变化。比如，将一标准黑体加热，当它的温度升至某一程度时开始发光，并且随着温度的升高光色会逐渐变化：深红→浅红→橙黄→白→蓝白→蓝。当光源的颜色与黑体发出的光色相同时，我们就把黑体当时的温度称为该光源的色温，以绝对温度（K）来表示。色温在3000K以下时，光色偏红，比如白炽灯，给人一种温暖的感觉；色温超过5000K时，颜色偏蓝，比如荧光灯，给人一种清冷的感觉。图3–5是一组自然光的色温变化。一天中色温的变化指示着时间的推移，也蕴含着某种情愫，这些光的效果早被艺术家们洞彻了（见图3–6、图3–7）。

图3–5　一组自然光的色温变化

图3–6　印象派大师莫奈所描绘的不同时段的谷堆的场景

图3–7　电影通过不同的光色烘托出不同的情感

一般来说，为了显示对象的正常颜色，应当根据不同照度选用不同颜色的光源，比如在低照度时采用低色温（暖色）的光，接近黄昏情调；在高照度时宜采用高色温（冷色）的光，给人以紧张、活泼的气氛。

3.显色性

物体色随不同照明条件而变化。物体在待测光源下的颜色同它在参照光源下的颜色相比的符合程度，定义为待测光源的显色性。由于人类长期在日光下生活，习惯以日光的光谱成分和能量为基准来分辨颜色，并相信日光能呈现物体的“真实”颜色。所以一般公认中午的日光是理想的参照光源，并把它的显色指数定为100。对同一物体，在被测光照射下呈现的颜色与参照光源（日光）的光照射下呈现的颜色的一致程度越高，显色性越好，显色指数越高。反之，显色性越差，显色指数越低。

3.3　亮度的形成

前面我们说过，人的肉眼只能对可见光作出反应，如果物体不能发出可见光，人眼就不能感受到它的存在，也就没有视觉意义。而物体一旦发出可见光就具有了亮度。因此，物体发出可见光是使其具有亮度的必要条件。物体发光有两种情况：一是物体自发光，如太阳、灯泡等；二是物体通过反射或透射发出的光线，比如被阳光或灯光照亮的墙面或桌面，比如从后面透出柔和光线的半透明窗帘或玻璃。前者的亮度往往极高而引起视觉损害或不舒适，成为眩光，需要加以防护。应该说明的是，作者所提出“亮度空间”概念中的亮度就是指后者，或者说亮度空间就是由材料反射和透射所形成的亮度构成的。

光在传播过程中遇到物体时，会发生反射、透射与吸收现象。一部分光能（即光通量）被物体表面反射（Φ_ρ），一部分透过物体（Φ_τ），余下的一部分被物体吸收（Φ_α），见图3–8。根据能量守恒定律，入射的光能量（Φ_i）应等于上述三部分光能量（光通量）之和：

$$\Phi_i = \Phi_\rho + \Phi_\tau + \Phi_\alpha \quad \mathrm{lm}$$

其中，反射的光能量与入射的光能量之比，称为反射系数，以ρ表示：

$$\rho = \Phi_\rho / \Phi_i$$

透射的光能量与入射的光能量之比，称为透射系数，以 τ 表示：

$$\tau = \Phi_\tau / \Phi_i$$

被吸收的光能量与入射的光能量之比，称为透射吸收系数，以 α 表示：

$$\alpha = \Phi_\alpha / \Phi_i$$

显然：$\rho + \tau + \alpha = 1$

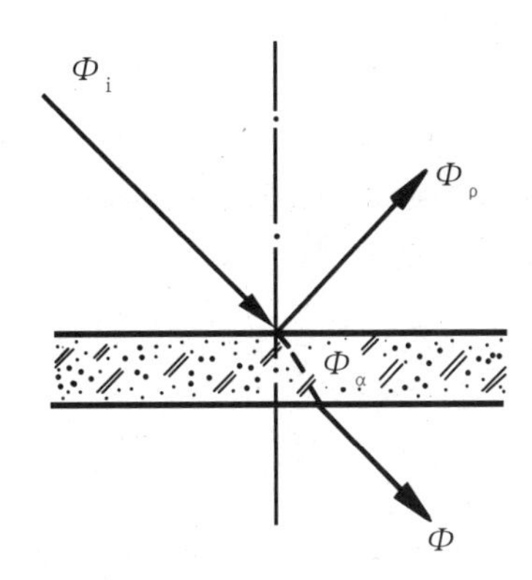

图 3–8　光通量的反射、透射和吸收

反射分为规则反射和扩散反射两大类。扩散反射又可分为定向反射、漫反射和混合反射。反射光的分布类型见图 3–9。

透射也可分为规则透射、定向扩散透射、漫透射和混合透射。透射光的分布类型见图 3–10。

$I_\theta = I_o \cdot \cos\theta$　　cd

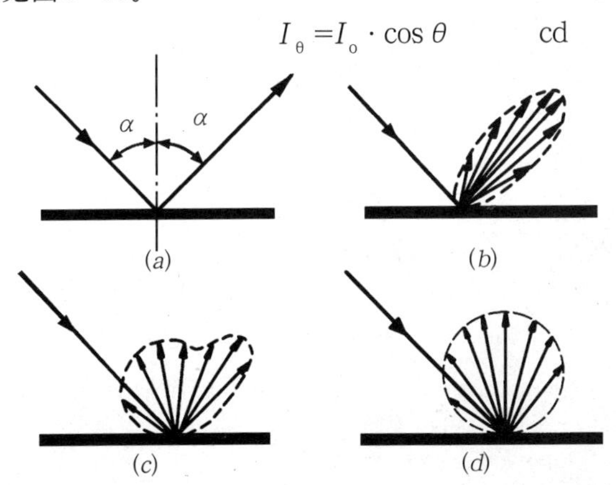

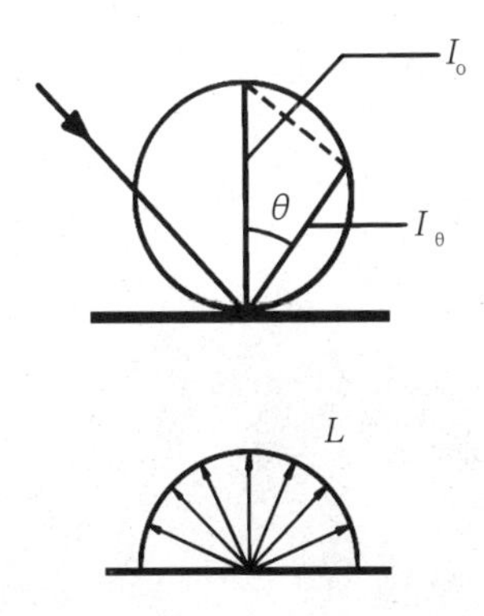

(a) 规划反射；(b) 定向扩散反射；(c)　混合反射；(d) 均匀反射

均匀漫反射材料的光强分布与亮度分布

图 3–9　反射光的分布形式

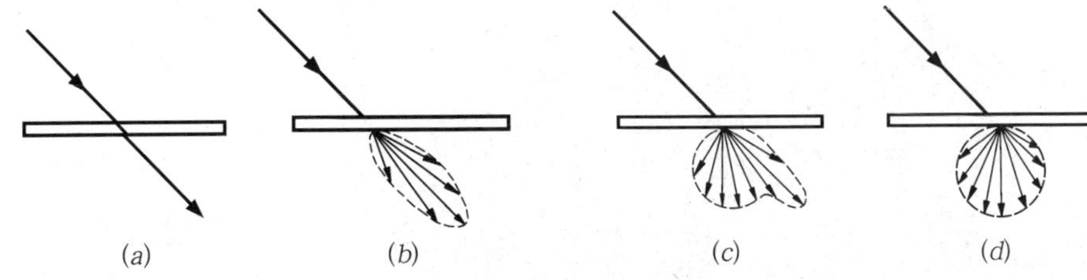

图 3–10　透射光的分布形式

(a) 规则透射；(b) 定向扩散透射；(c) 漫透射；(d) 均匀漫透射

目前应用于建筑空间的大部分为无光泽饰面材料，如粉刷涂料、陶板面砖等，都可以近似地看作均匀漫反射材料。

均匀漫反射材料的亮度计算式为：

$$L=E\times\rho/\pi$$

相应的，均匀漫透射材料的亮度计算式为：

$$L=E\times\tau/\pi$$

其中L：物体的亮度，E：物体的照度，ρ：物体的反射系数，τ：物体的透射系数。E代表光照，ρ和τ代表物体的光学属性。

$$I_\theta=I_0\cdot\cos\theta$$

上述公式概括了一个极为重要的亮度形成原理，首先它们说明“亮度”是光与物体相互作用的综合指标，是二者互动关系的显示，光或物体的哪一项发生变化都会产生不同的亮度系列。其次，光与物体应具有对应性，物体与光照无论哪一项缺少都不会形成亮度。为了形成适宜的亮度，就必须使一束光照射到某个物体表面上，无论是从前面投射还是从后面透射。世界的万千景象在光与物体的遭遇中展现出无穷的魅力，如图3-11所示。

图3-11　世界的万千景象在光与物体的遭遇中展现出无穷的魅力

第4章
亮度空间的设计原则

4.1 亮度空间设计的基本内容——光与界面的关系

当前建筑及空间环境的照明设计存在一种尴尬。以室内照明为例，照明设计经常被建筑师或室内设计师代劳，最多也不过是在技术环节上与技术人员咨询。建筑师或室内设计师在进行照明设计时，往往直接套用实体元素的造型方法，只注重灯具实体造型的构成，如在顶棚平面上把灯具进行对称或规则的排列，形成一个图案，使光的设计成为实体形式设计的延伸和附属，而没有体现光作为构成空间之重要元素的主动性和自身的表现规律。这种以实体造型的思维模式为着眼点的照明设计，不但不能满足照明质量的要求（诸如照度、亮度比、眩光问题、视觉舒适性等），更无法营造视觉空间的精神境界，并且造成能源的浪费，也误导了灯具的发展。

人们对灯具的理解存在着类似的误区。人们关心的是灯具的造型、材料等这样一些实体元素，在这一点上，建筑师或室内设计师与普通老百姓的区别，也许仅在于灯具式样的雅致品位上，或者灯具的形式能否与室内设计相匹配上。而专业照明设计师们则往往无法让客户明白，一盏看似普通简单的灯，为什么要造价上千欧元，而一盏精雕细凿的18K金的水晶灯仅需一两千元人民币。

光的特点是随着与被照表面的位置关系及被照表面的材质、色彩和造型的不同，呈现出动态的、多维的"流体"性质。光本无形，是灯具和被照的界面共同塑造了光的形式。正如安藤忠雄所说，"光并没有变得物质化，其本身也不是既定的形式，除非光被孤立出来或被物体吸收。光在物体之间的相互联系中获得意义。"①

在照明设计行业中大家普遍认为，灯只是一种工具，光才是表现的"主角"。对此有人提出照明设计中"隐藏的美感"（见图4-1），有人总结说照明设计应该是"见光不见灯"。

---

① 王建国，张彤编著.安藤忠雄.北京：中国建筑工业出版社，1999：42.

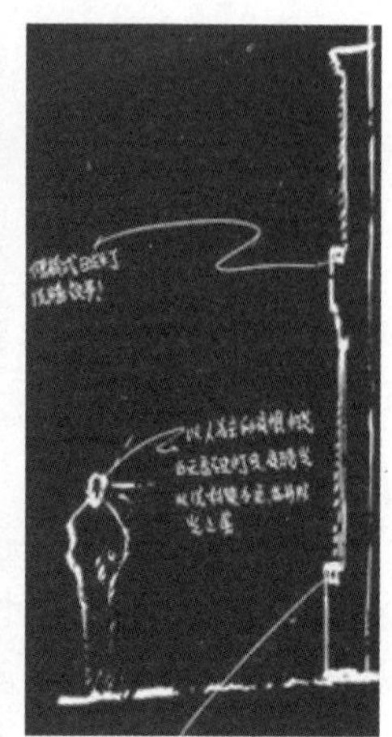

图4-1 隐藏的美感（图片来源：袁宗南的演讲《光的原始》PPT文件）

综上所述，我们可以说亮度空间的设计其实就是对光与界面的空间关系的设计，因为小到灯具，大到整体的光环境，都体现着这种关系。

丹麦灯具设计大师保罗·汉宁森的灯具（PH）作品对这种关系作了完美的诠释：一个简单的光源与多层遮光板之间形成了层次丰富、韵律感极强的亮度构成以及灯具的实体形式和光照效果（见图4-2）。在维特拉家具博物馆中的一些灯具，也可以看到这种设计理念的延续（图4-3）。而图4-4中的剧场，光与墙板层层相叠，仿佛是一个巨大的可以进入其中的PH灯具。它们的共同之处在于对光与界面关系的巧妙设计。

在亮度空间的设计中，光与界面的关系决定了亮度的空间分布结构，而亮度的分布结构又极大地影响了人对于空间的主观感受——空间意象。

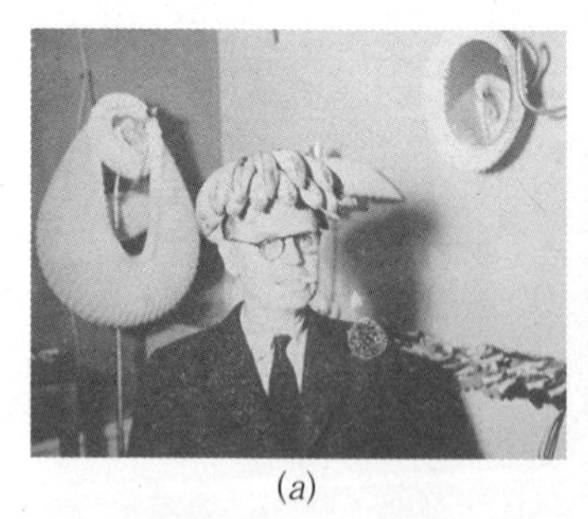

(*a*)

(*b*)

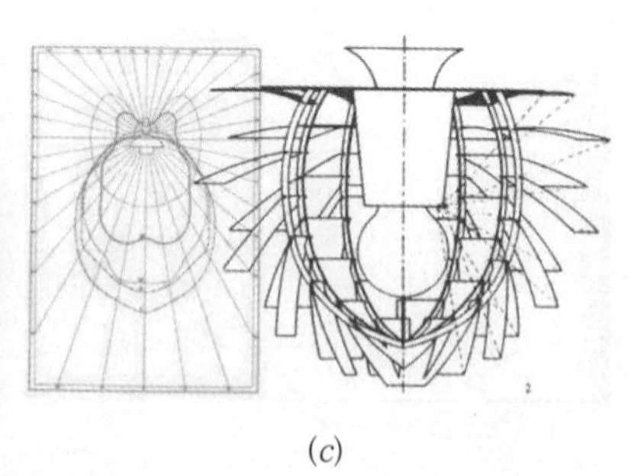

(*c*)

图4-2 保罗·汉宁森的设计作品（图片来源：Domus. 1996.）

(*a*) 汉宁森的意匠；(*b*) PH灯具；(*c*) 灯具的剖面及配光曲线

图 4-3 “卡纸”灯具
(图片来源：Lighting.)

图4-4 某剧场——一个巨大的可以进入其中的PH灯具
(图片来源：Lighting.)

4.2 亮度空间的设计模式——光与空间一体化设计

如第3章所述，亮度是光与实体相互作用的综合指标，是二者互动关系的显示，光或实体的哪一项发生变化都会产生不同的亮度系列。为了形成适宜的亮度，就必须选择合适的光源与光照，还必须对材料的光学属性（肌理、质地、色彩、形式等）进行选择和设计，同时要对光与材料的位置关系（角度、距离、相对大小等）进行仔细的推敲、计算和设计。既不能只考虑光源和光照而忽视材料的光学特性，也不能只考虑材料而忽视光源和光照的特点，要对光与实体同时进行双向的动态设计。

我们可以把光源与实体界面的关系表达为一个数学式：$L = F(S, R)$，其中，L代表亮度，S代表实体，R代表光线。人们习惯于把光简单地设定为一种明亮环境，只注重构成空间之实体要素的设计，或者在既成的空间中进行照明元素的设计，这实际上是把变量R或S固定为一种先决的静态的已知条件，使“亮度空间”L的表现力大打折扣。

亮度空间的设计可以归纳为这样一个模式：初始状态为“零亮度”，即无光无物的黑暗环境，终极状态为具有最佳的视觉效果的“亮度空间”；设计的过程是，通过对光与实体同时进行双向的动态设计，实现从“零亮度”向理想的“亮度空间”的转换。这就是“光与空间一体化设计”的基本模式。

4.3 亮度空间的设计原则

4.3.1 原则一：重返黑暗

在伊斯兰国家流传着一个笑话：毛拉(Mullah，伊斯兰教国家对老师、先生、学者的敬称)Nasrudin进入了茶室，宣布："月亮比太阳更有用。""为什么，毛拉？""因为我们在晚上比在白天更需要光线。"[①]

这个笑话说明了黑暗对于光的价值——在明亮的环境中"光"成为令人熟视无睹的一种存在形式。

可以说在照明已变得轻而易举的今天，建筑空间中随处可见的是布满着均质光线的"泛光的世界"，光好像是计算机中的Default值一样，成为一种默认的状态，成为一种显现物体的令人熟视无睹的存在。

让我们回到原点，那里是无物无光的世界。首先，我们构筑一个实体形式，但此时我们的视觉上却无法感知它。如何让它成为视觉的表现呢？请设想，当一束光倾斜地照在一个舒缓的曲面上，会形成一个美妙的褪晕；当几束强弱光照射在穿插交错的多个表面上，会形成高光、阴影、反射等明暗交织的丰富的亮度层次。这是光的素描，光线或直射或散射，与实体表面或垂直或倾斜或平行，实体表面或粗糙或光滑，或平展或扭曲，素描的效果取决于光与实体之间双向动态的组合关系，见图4-5。

人们沉醉于自然景色，喜欢看朝霞、夕阳和浮云，人们为之感动的正是阳光与大气层双向互动所造就的气象万千的壮丽画面。

我们应对设计观念进行一下调整，亮度空间的设计不应该是在"明亮环境"中设计实体，而是应处于"暗环境"("零亮度")中，对光与实体同时进行双向的动态设计。

图4-5 毕尔巴鄂美术馆（图片来源：Light and Space）

① William M.C.Lam.Perception and Lighting as Formgivers for Architecture. Mcgraw-Hill Book Company，1977.

在第2章中作者介绍了“光的素描”的方法，作者认为，白纸意味着普照的明亮环境，是对光线变量的限制，而黑卡纸可以模拟设计初始时无物无光的“暗环境”。至于碳铅，只能通过涂黑来反衬亮度，而亮颜色的彩铅在黑卡纸上的每一笔都直接形成一种亮度状态。

4.3.2　原则二：截取无所不在的光——光的对应性

安藤忠雄所诟病的现代建筑中“泛光的世界”是把光环境设计作为单纯技术问题的结果，其症结在于割裂了光与实体以亮度为核心的有机联系，把光默认为一种通亮的状态，而只注重实体自身的表现。

亮度空间的意象往往是在光与实体的对应性中体现出来的。如古埃及的阿蒙神庙，被作为神和人的世俗代表的聚会点，建筑充满了自然象征意味，塔式门楼是山，多柱式大厅的屋顶是天空，柱子雕刻成棕榈或纸草状。它们的方位得到了精心安排，巧妙地吸收和运用当时最先进的天文、地理、数学等知识。于是，在特定的时刻和季节，阳光就能照射在塔式门楼之间，或者穿过甬道照到特定的神像。再比如，古罗马的万神庙，由连续封闭的承重墙围合而成单一完整的内部空间。建筑内部是幽暗的，穹顶正中有一个圆洞，直径为8.9m，这是庙内惟一的采光口。穹顶象征天宇，光线从上泻下，象征着神的世界与人世之联系。雨水和阳光通过天窗渗透进寂静、幽暗的神庙内，相对于建筑的永恒，强调了自然要素的存在和变化，促成了空间本身与人类生活之间的对话。晴天时，直射阳光随着时间的推移，光线在空间慢慢移动，将依次照亮神龛中的七个神像。其宗教象征意义远远大于其用于采光的功能。

古人的设计是出于对光的原始本能的理解，并通过光的对应性表达出空间和场所的“精神境界”。

现代建筑中天窗也被大量的应用，然而这些天窗，比如中庭，经常开在顶棚的正中，而下面的空间却没有相应的对应物的设计。可喜的是，建筑师们正渐渐有所领悟，开始有意识的把天窗开在顶棚与墙壁的交界处，让日光透过天窗，射在侧面肌理斑驳的墙面上（见图4-6）。它们印证了路易斯·康的话：“太阳一直不明白它是何等伟大，直到它射到了一座房屋的侧面。”生动地阐述了光与实体对应的意义。

舞台灯光和展示灯光的设计是值得借鉴的：舞台灯光不仅体现了光与实体的对应性，也体现出“处于‘暗环境’中，对光与实体同时进行双向的动态设计”的观念。比如，演出开始时，几束灯光准确地投射到布景和人物上面，并随着布景和人物的变化而做出相应的调整，使表演所传达的视觉信息和意境鲜明而强烈。当前一些景观照明中的“场景式”照明设计正是汲取了舞台灯光设计的要素。而展示照明，不仅体现出光与实体的对应性，还体现出光与功能的对应性。

图4-6　开在顶棚与墙壁交界处的天窗所形成的光影效果（图片来源 Light and Space）

图4-7　光与空间界面及功能的对应（图片来源 Light and Space）

著名照明学者和设计师William M.C.Lam在著作中多次阐述光与空间界面的对应关系，并强调这种关系的逻辑性。他指出，“光线如饮食一样，必须平衡，并且与人的生理上的需要和参与的活动有关。这就是我们为什么要提倡‘针对性’的方法来设计工作空间的照明，而不是传统的、浪费的，并且常常是无效的‘笼统的’设计方法。后者要求在一个空间中的每个角落均有相同的照度，以供给其中一部分作业所要求的最高照度水平，完全不顾这种作业可能布置在哪里和工作中出现的频繁程度。”[①]相关调查也表明，这种以个别活动代表整个空间的假设是非常荒谬的。从一些优秀的空间作品（图4-7）中我们可以看到光与空间之间明确而巧妙的对应关系，这种对应关系既有功能上的对应，也有为了视觉表现而刻意的对应。

4.3.3　原则三：亮度分布的构成性与整体性

视知觉理论告诉我们，人们对立体或深度的判断有两种线索：单眼线索、双眼和眼动线索。单眼线索主要是指空气透视、纹

① William M.C.Lam.Perception and Lighting as Formgivers for Architecture. Mcgraw-Hill Book Company，1977：15-30.

理的透视和遮挡等线索。双眼和眼动线索主要是指眼球的肌肉收缩所提供的知觉信息，比如晶状体曲度的调节和双眼视差。①

艺术家采用单眼线索在二维画布上创造具有三维立体感的图像，因此，也称单眼线索为图画线索（pictorial cues）。② Ames房间的实验是一个很好的例子，见图4-8。Ames房间具有一个奇特的结构：地板倾斜且后墙与相连的两扇墙面不成直角。后墙不是一个规整的矩形，而是左高右低的梯形。房间中站着两个高矮相当的成年人。尽管如此，当从窥视孔观看（即单眼视觉）Ames房间内部时，人们却看到了一个正常方形的房间，而近处的人看起来比远处的人大得多。③我们可以这样理解：单眼视觉所看到的空间立体图像，与其所看到的空间立体图像的照片或透视图是没有区别的，因此，在单眼视觉中倾斜的地板和梯形的墙面被认为是一种"远小近大"的透视效果。

对于近处的物体，由于双眼视差显著，晶状体曲度的调节也比较剧烈，因此双眼视觉与单眼视觉的差别是较大的。而对于远处的物体，双眼视差很小，晶状体曲度的调节比较微弱，因此双眼视觉与单眼视觉的差别不大。

这给我们的启发是，在照明设计中，对于远处的视野我们可以把它处理得像图画一样，明暗对比鲜明，而对于近处的物体，照度的设计应尽量均匀，减小眼动的疲劳。

作者在第2章中曾提出："应该强调亮度的空间结构——'亮度空间'的整体性和构成性。为此在设计时可以借鉴印象派处理画面结构的方法，追求空间画面的平面特质。"不过，这一观点针对的是环境的视野，而非眼前的视觉作业。

根据格式塔视知觉原理，被组织得最好、最规则(对称、统一、和谐)和具有最大限度的简单明了性的格式塔给人的感受是极为愉悦的；每当视域中出现的图形不太完美，甚至有缺陷的时候，这种将其"组织"的"需要"便大大增加，只要这种"需要"得不

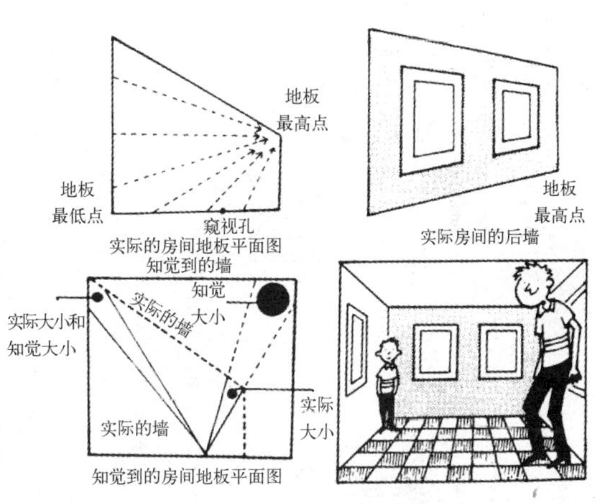

图4-8 Ames房间实验(图片来源：认知心理学)

① [日]应用物理学会，光学讨论会编辑．生理光学．杨雄里译．刘育民校．北京：科学出版社，1980：219-275.

② M.W.艾森克，M.T.基恩著.认知心理学（上册）上海：华东师范大学出版社，2002：45-53.

③ M.W.艾森克，M.T.基恩著.认知心理学（上册）上海：华东师范大学出版社，2002：45-33.

到满足，这种活动便会持续进行下去。

因此，如果人们工作或学习的环境视野是具有意义的完整图形，那么，人们对于环境的感知就将是轻松而愉快的——“一目了然的”，从而会更加集中精力，减少视觉疲劳，增进视觉舒适度。反之，如果环境的视野是无重点的、不规则的，人们就会由于“完形压强”的作用而分散精力到环境的视野中，直至满足了对于图形进行组织的需要。这样不但会增加视觉作业的干扰，也增加了视觉负担。

对此，我们进行了一个实验，包含两组对比测试。

1.对比Ⅰ

在两个完全相同的房间内，设置不同的照明方式，让被试者分别在其中进行阅读，然后对二者进行对比评价。其中第一个房间我们在顶棚上布置了普通的荧光灯，桌面布置台灯；在第二个房间的外侧顶部，我们安装了一个投影仪，把安藤忠雄的一个作品照片投影到房间的端墙上，桌面布置台灯，见图4–9。

2.对比Ⅱ

在两个完全相同的房间内，设置不同的照明方式，让被试者分别在其中进行阅读，然后对二者进行对比评价。其中第一个房间我们在顶棚上布置了普通的吸顶灯，桌面布置台灯；在第二个房间中，我们把墙体的材料改为黑色，并在墙面上挂画。在顶部我们布置了轨道射灯，桌面布置台灯，见图4–10。

对比Ⅰ的测试统计结果显示，总体评价“端墙投影＋台灯”模式好于“顶部荧光灯＋台灯”模式：

1）投影模式营造了一个空间幻象，这说明空间的暗示作用对于光环境的重要性；

2）被试者对于投影图像这一空间假象的认可说明，环境视野具有单眼视觉的二维

(a)

(b)

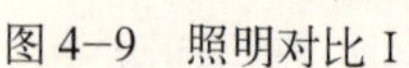

图4–9 照明对比Ⅰ
(a) 顶部荧光灯＋台灯；(b) 端墙投影＋台灯

(a)

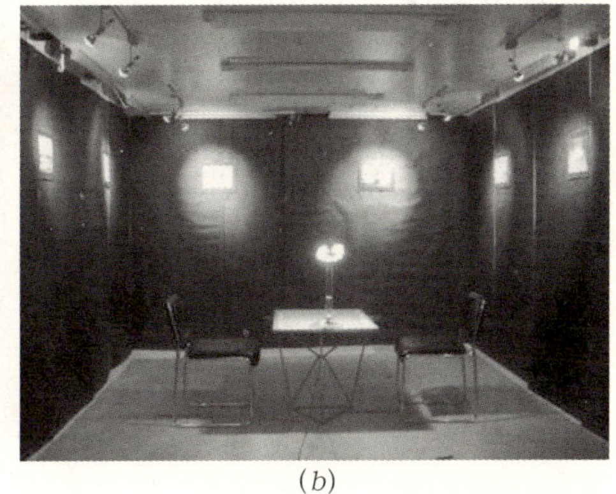
(b)

图 4-10　照明对比 II
(a) 顶部吸顶灯 + 台灯；(b) 顶部射灯 + 台灯

图像性质；

3）环境视野具有一个完整的有意义的图形是很重要的。

对比 II 的测试统计数据显示，各项评价“顶部射灯 + 台灯”模式均好于“顶部格栅灯 + 台灯”模式：

“顶部射灯 + 台灯”模式对于墙面的装饰画进行定向照明，强化了环境的主题，加强了房间的秩序，形成了点和面的清晰图式，因而使环境视野成为了一个完整的有意义的图形。本实验房间过于简单，墙面上除了装饰画一无所有，而实际的房间将远比实验房间复杂得多，那么，这种指向性照明所营造的秩序感将更加显著。

□ 实验启示

在工作环境的照明中，视觉作业的照明应该是均匀的，而环境照明可以是非均匀的，甚至是亮度对比强烈的，只要它能够形成有意义的完整的图像。实验证明，这种照明模式既能够满足视觉作业的识别需要，又能够营造出美好的空间意象。

4.3.4　原则四：见光不见灯与光的空间层次性

老子云：“埏埴以为器；当其无，有器之用。凿户牖以为室；当其无，有室之用。”说的是实体材料与空间的关系。作者认为，光照之于空间与实体材料之于空间的关系是一样的，即使对于照明设计，也不应该把光作为目的，光应该作为空间的注解和线索而体现其价值。为此我们做了一个实验来验证光作为空间线索的作用。

实验同时在两个相邻的尺度完全相同的房间中进行，针对两种照明模式进行对比：图 4-11（a）中为吸顶灯 + 台灯，图 4-11（b）中为端墙缝隙光 + 台灯。图 4-11，我们把与墙体交界的构成顶棚的标准单元的端部条形小板拆下来，使顶棚和墙体之间形成一道缝隙，于是，顶棚标准单元中的荧光灯就可以从缝隙中向下照射在相邻的墙体上。

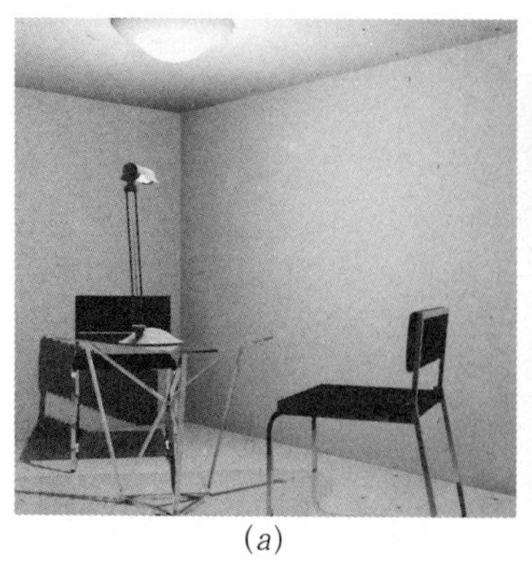
(*a*)

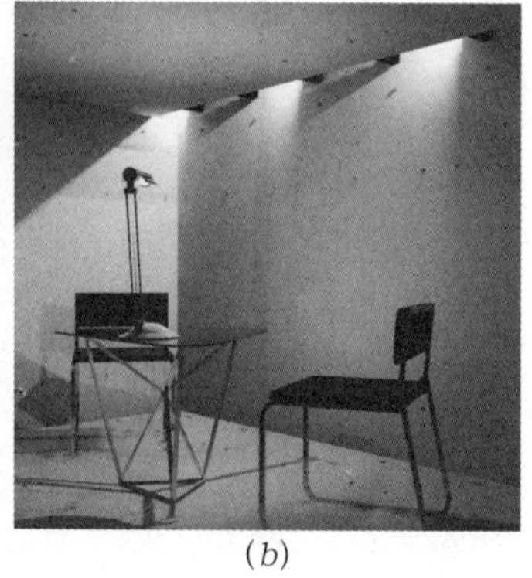
(*b*)

图4-11 两种照明模式的对比
(*a*) 吸顶灯+台灯；(*b*) 端墙缝隙光+台灯

从统计结果可以看出，“空间层次”等评价指标后者明显高于前者，总体的满意度二者的差别更为显著。

作者在实验后与被试学生进行了座谈，学生们认为他们喜爱缝隙光的一个重要原因是，它好像是自然光从室外射进了房间，有一种“通透”的效果，令人产生对于外部空间的联想。这也验证了前面提到的照明设计师的一个经验之谈：照明设计应该是“见光不见灯”。

在建筑中，特别是在中国园林中，这种“见光不见灯”方法被大量应用。中国园林把自然的万千气象融于一园，追求“天地和合”的浪漫神韵，而广义的“缝隙光”（缝隙较宽甚至形成狭窄的带形庭院）则是其中一种重要的建筑语言。“缝隙光”作为空间线索的重要角色对营造空间层次及延伸空间起到了重要的作用，在园林意境的塑造中是关键的因素之一，见图4-12。

记得有一个艺术家曾说过，如果用一个词来概括对于雕塑来说最重要的东西，那就是“转折”。作者想借用这个艺术家的话，如果用一个词来概括对于空间来说最重要的东西，那就是“层次”。

(*a*)

(*b*)

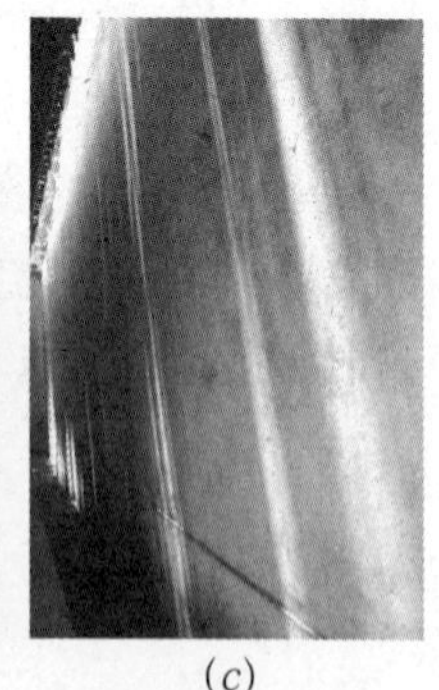
(*c*)

图4-12 “见光不见灯”的拓扑关系被大量地应用在空间层次的营造之中
（图片来源：(*a*) Ando Tadao,(*b*)/(*c*)，作者拍摄 ）

4.3.5 原则五：光照的逻辑性与心理预测

心理学理论告诉我们，人只是概念化地去记忆东西，人们记忆的是关于外界信息的组织方式，而不是具体的形象。因此，可以这样推论，光与空间的组织关系和这种关系的逻辑性是形成空间意象的关键所在，也正因为这种关系及其逻辑性，光才会成为空间意象的线索。

视觉认知活动不仅建立了与先前的经验的联系，而且还会由此激发出关于一系列事件的联想——心理预期。一个环境中的情况若与人们的肯定的预测很符合，并能引起感情上的积极的反应时，那么，这个环境就将被人们看作是亲切的、有吸引力的或是愉快的。反之，如果这个环境与人们的肯定的预测相抵触或者证实为否定的预测时，这个环境中的情况将在感情上唤起一个消极的反应。人们会感到它是不亲切的、难看的或不愉快的。人们对于直接接触的环境的性质，常常有意识地或无意识地进行预测。故设计者必须认识到，一个视觉环境设计的成功与否，在一定程度上取决于环境的关系和逻辑性是否能使使用者产生肯定的预测。

这种预测在人们对任何光环境的估计中，起着一个重要的作用。人们会在头脑中建立一个参考水平，并据此估计出关于当时输入的环境的外观亮度的感觉资料。在白天，人们一般希望有比较明亮的室内环境。晚上则相反，人们希望环境不要太亮，而且即使空间中的亮度水平远比白天的相应水平低，也不会使人感到这个空间暗，或者产生朦胧的感觉，甚至根本无法察觉这种与白天相比亮度很低的现象，因此，晚上一个点蜡烛的房间可以使人感到照得“灯火辉煌”，即使测到的亮度值很低。

可以肯定的是，现代玻璃幕墙的建筑远比前面图4-12所示的作品要明亮，但是这些作品中的“黑暗”却令人感到愉快和理所当然，因为在这些作品中，建筑元素与自然光之间形成了明确的逻辑关系，而这种关系会促使人们形成某种预期[①]：墙面的光影呼应了人们对于白天的时间定位和对自然光的期待，而空间中墙体与自然光的位置关系则提供了“光照和遮挡”、“明和暗”的清晰的逻辑，使空间中的黑暗成为人们预料之中的理所当然——如果这些作品变得一片通亮，反倒令人不知所措了。作品中光与空间的逻辑性给人们的心理预期提供了判断的语境。

对于光照的逻辑性，我们可以通过第5章中介绍的光箱装置进行纸箱模型的操作或在意念中想像，把纸箱模型的效果对应到实际的设计之中。

4.3.6 原则六：以光塑型

图4-13是苏州留园的一个局部，回廊与白色的园墙时而并拢时而分开，若即若离。

---

① 杨公侠.视觉与视觉环境（修订版）.上海：同济大学出版社，2002：36.

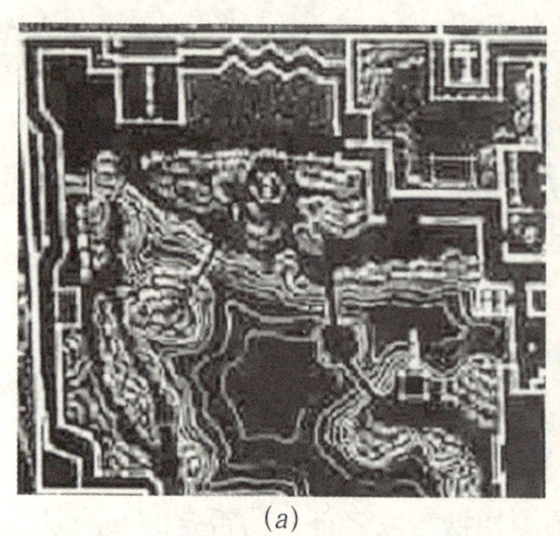

(a)

(b)

图4-13 苏州留园局部图
(a) 苏州留园平面图；(b) 作者现场拍摄

如果仅从图4-13 (a) 上看大概只会解释为一种造型和空间的变化，然而，当你沿着这条回廊漫步时，你会发现，本来较为暗淡的园墙在回廊的转弯处豁然开朗，自然光线从墙与廊顶的缝隙中倾泻到墙面和下面的植物上，形成了美妙的“光亮”。在这里实体形式与光线完美结合，造就了一个动人的“亮度空间”，如图4-13 (b) 所示。如果回廊“弯”得不够，墙与廊顶间的缝隙太小，“光亮”就会很弱，如果“弯”得太大，墙与廊顶间的缝隙光线就会变得空泛而缺少“爆发力”，失去豁然开朗的感觉。作者猜想，当初的造园者为此一定耗费了好多心机，不断地对光与实体进行双向的动态调整，才形成今天的样子。

图4-14 金贝尔美术馆内部

在路易斯·康设计的金贝尔美术馆中，引进和分配自然光的需要决定了其内部顶棚的形式，见图4-14。前面图4-5是弗兰克·盖里在西班牙设计的毕尔巴鄂美术馆，有谁能说其奇异的形体不是为了呼应绚丽的晚霞。

后面将要讲到的光箱设计实验正是体现了光与空间的互动关系。

4.3.7 原则七：亮度即光照

作者的书房有一个东向的窗，每到下午邻楼的西山墙会把午后的阳光反射到房内，使房间内充满柔和的光照，感觉甚至比上午的直射阳光更加明亮也更加舒适。从窗口望去，邻楼的西山墙在阳光的照射下光影婆娑，成为书房美丽的对景。然而，人们习惯上有这样一个认识：只有太阳、灯管、灯泡这些自身发光的才叫光源，而实际上明亮的界面也是一种光源。从光学意义上讲，明亮的界面就是光源，因为任何有亮度（$L>0$）的材料表面都会发出光照。

这是两种不同的光源，前者可称之为直接光源，后者为间接光源。这两种光源对于亮度空间的意义是截然不同的：直接光源在光环境设计中大多存在这样一个矛盾，由于表面亮度极高以至于成为眩光，成为亮度空间中的一个“畸点”，因此直接光源只能提供光照而不能参与亮度空间的构成。而间接光源自身具有一种适宜的亮度，是一个美丽的“光亮”，因而可直接成为亮度空间构成的有机组成部分，使光照与亮度统一起来。

2000年夏天作者设计了一栋别墅，在楼梯间应用了“间接光源”，如图4−15所示，正对着楼梯的墙面没有开窗，而是转了一个角度，与建筑主体间形成了一个缝隙。阳光倾斜的照射在涂有暖色仿石漆的墙面上，形成了漂亮的光影，并成为一个充足而舒适的间接光源，使室内形成明暗对比有力而层次丰富的亮度空间。

把直接光源转化为间接光源，是一种人性化的视觉设计方法。让我们对比两种宾馆的走廊设计，见图4−16。(*a*) 是一个常见的设计，灯具设置在走廊吊顶的中轴线上，行走时灯光会直接照射在人的头顶，并且在地面上投下大块的阴影。在灯光的直射下，人成为视觉的焦点，空间的界面反而成为了背景，这显然不是走廊应有的设计逻辑，也违反了光与实体应具有对应性的原则，从功能和效果上都是不合理的。而在图4−16(*b*)中，走廊的顶棚没有设置灯具，在两侧的墙面上间隔的布置着绘画作品。每幅画的上

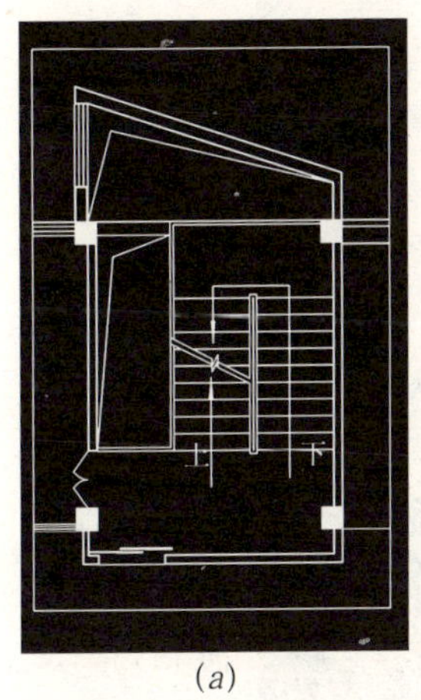

(*a*)

(*b*)

(*c*)

图4−15　作者所设计的别墅内的“间接光源”

(*a*) 楼梯间平面；(*b*) 楼梯间内景Ⅰ（作者绘制、拍摄）；(*c*) 楼梯间内景Ⅱ

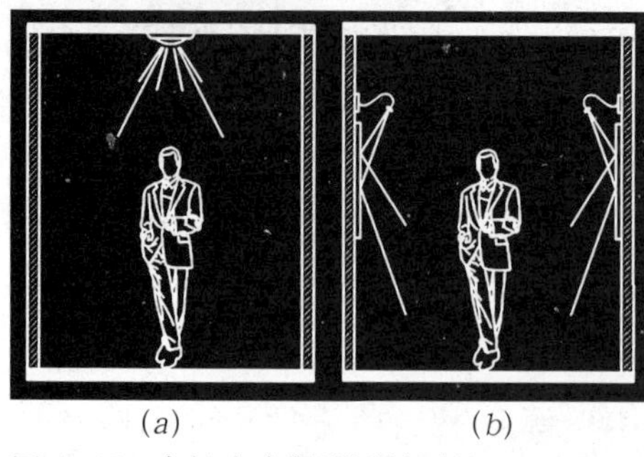

(a) (b)

图4-16 宾馆走廊照明设计对比（作者自绘）
(a) 直接光源；(b) 间接光源

方挑出一盏灯具，灯光使画和周边的墙面形成了光晕，沿着走廊向前看，光晕形成了富于韵律的序列光亮。这些光亮不但成为行进中的景观，满足了人眼的视觉需求，作为间接光源，为地面和顶棚提供了光照，体现出设计对人的关怀。这种照明采光方式为很多建筑大师所采纳，在中国的传统建筑中更是屡见不鲜，见图4-17。

图4-17 利用间接光源的实例

把直接光源转化为间接光源，把光照与亮度构成相统一，从而把对光照的设计回归到对亮度空间的设计上来。

另一方面，对于实体，路易斯·康说："材料是消耗了的光。"我们也可以说："材料是过滤了的光。"经过透射、反射和吸收，材料把眩光过滤为舒适的亮度，把光束过滤为柔和的光晕和均匀的散射。我们可以把实体材料设计为光的"过滤器"，通过其肌理、质地、色彩、形式对光进行"消耗"—"过滤"，把无形的光转变为具有韵律、肌理和形式宜人的光亮。所以，对实体的设计同样应该以"亮度"为出发点，把对实体材料的设计统一到对亮度空间的设计上来。

4.3.8　原则八：光的多维性与多向性

日景和夜景照明的主要差别是照明的光源不同：日景靠自然光——阳光和天空光照明，夜景靠人工光源——灯光照明。自然光的光谱齐全恒定，显色性好，能真实地显现景观的颜色。而不同的人工光源的光谱成分差别很大，显色性也各不相同，需要根据夜景照明的需要进行选择。

在视觉上，白天属于明视觉状态，夜晚则处于暗视觉状态，对于同一景观在相同的亮度下会出现完全不同的视觉效果。

白天，周围环境是明亮的，人们可以看到建筑环境的全部。晚上，周围环境是黑暗的，人们看到的只是黑暗背景前面的被照亮的局部，见图4-18。

图4-18　夜色中的古塔

白天自然光的照射方向是自上而下，景观的光影和立体感表现为光在上，影在下，有阳面阴面之分。而且随着时间和天气的不同有规律地变化，这是人们不能控制的。夜晚，人工光源可以根据需要设置在任何位置，光和影没有固定的图式，当然也没有阳面阴面之分。而且灯具的品种、光色可根据景观照明的需要进行控制和调整，还可以通过光和色的层次来突出景观特征和细部造型，这是自然光无法比拟的。

夜景照明的光量（灯具的数量）、光的颜色及照明方向都可以根据景观的形态、色彩和材质等进行设计，与白天单一不变的自然光照明相比，灯光具有很强的主动性和控制性，加上夜幕的掩蔽作用，人们看到的只是最精彩的部分。因此，夜景不仅与日景不同，甚至可以具有更强的艺术表现力。

4.3.9　原则九：向光性与私密性

著名学者Flynn小组在一个餐厅中做了一个有关照明布置对于座位选择的影响的实验。被试者可以在附近的桌子旁自由选择座位(这些桌子位于一个未照明的区域，桌子上只有从相邻区域来的散射光)，也可选择较远的座位(这个区域内有令人感兴趣的和愉快的照明)。很有趣的是，大多数人宁愿选择靠近较暗部分的位置。人们倾向于选择一个使他们能面对着光线和入口的座位(不管是一个人来或是一个小组来)。

在第二阶段的试验中，照明按下列方式改变：在入口对面的墙上提供墙面照明。在做了这些改变后，当被试者们走向桌子选择座位时，他们都有一种强烈的趋势争着选面对房间内部(即朝向光线)背朝着以前具有吸引力的入口的座位。有学者称这种现象为“人类的向光性”。

环境心理学一个重要的方面是关于个人空间、拥挤、私密性和领域性的研究，其中有奥尔特曼提出的边界调节机制，他认为，在日常生活里人们有时试图通过几种边界调节机制以达到个人控制。奥尔特曼把私密性解释为“对接近自己的有选择的控制”。这一理论巧妙的将私密性、个人空间和领域性联系起来，并把私密性作为人们行动的中心。按照奥尔特曼的理论，私密性意味着人们设法调整自己与别人或环境的某些方面的相互作用与往来，也就是说，人们设法控制自己对别人开放或封闭的程度。

私密性的关键是“控制”。[①]私密性所要求的“控制”更多的是一种内在感受，是“控制感”，而不仅仅是狭义的一种控制行为。私密性不是简单的要把别人挡在门外，私密性还包括社会交往和信息的控制。

在上述Flynn小组的实验中，人们选择的位置总是使自己处于暗处而面对明亮的区域，说明人们具有一种内在需要：希望能够实现对于视觉信息和边界的控制，这实际上就是人们追求私密性的一种表现。

在中国的园林中，很多设计手法都是让光透过墙与廊顶的缝隙或从狭窄的带形庭院上方照射在墙面上、植物上或玲珑的怪石上，而人的行进路线上的光则相对较弱。徜

---

① 徐磊青，杨公侠.环境心理学——环境、知觉和行为.上海：同济大学出版社，2002：76—80.

徉在园中，我们所感受到的那种怡然自得和安宁沉静，是否是因为满足了我们心中潜在的对于“向光性”、“控制感”和“私密性”的需要呢？

对此，我们应该思考的是，在光与空间设计中如何利用人们对私密性或对视觉信息控制的需要来调整空间形态和亮度分布。

4.3.10 原则十：亮度极少主义

建筑大师密斯所提出的“少即是多”的观念同样适用于“亮度空间”的设计，在此借用时下很时髦的用来形容经济的一个词——“泡沫”，可以说在当今为数不少的布满着均质光线的“泛光的世界”中，存在着相当可观的应该被“洗去”的光的“泡沫”。

我们应该在“亮度空间”的设计中树立一种“亮度极少主义”的观念，用最精练的光亮营造出如诗如画的空间场景，前面提到的很多优秀作品都蕴涵着这种观念。同时精简“光亮”意味着节能，从而使节能成为亮度空间的一种内在的、自然的属性，使节能成为设计的结果而非目的。

第5章
亮度空间的模型设计方法——光箱装置

5.1 视觉认知的心理机制

当代的认知心理学认为，知觉并不是由外界刺激输入直接引起的，其间要经历一个复杂的间接过程，人脑中关于外部世界的记忆和经验对知觉起到了关键作用，同时，观察者已经具有的知识、意图和解释，以及对认知的预测都对知觉有重要的影响。

在认知过程中，既要有当时进入感官的信息，也要有记忆中存储的信息，只有通过存储的信息与当前的信息进行比较的加工过程，认知才得以实现。比如识别某个图像，人们必须在过去的经验中有这个图形的“记忆痕迹”或基本模型，这个模型又叫“模板”。当前刺激如果与大脑中的模板符合，就能识别这个刺激是什么。

很多时候，观察者所接受的外界刺激并不能直接与“模板”相吻合，这时大脑会根据储存在记忆中的相关经验和知识对信息进行搜索、选择和组织并做出解释，把作用于感官的刺激形成某种概念或赋予某种意义，他才能预料所感知的刺激是什么东西。

5.2 认知与意象

过去的经验一定会形成某种记忆，如果这一“经验”没有在记忆中留下痕迹，也就不会对当前和后续的知觉发生任何作用，甚至都不能称其为经验。那么经验的记忆是以什么样的形式作用于知觉呢？

比如，我们对于图像的识别就要求在我们的记忆中存在一个与知觉的目标相对应的“模板”或基本模型。按照视觉认知心理学理论，这个在长时记忆中存在的“模板”或基本模型叫做“心理表象”。

人总是概念化的去记忆东西，在记忆中存储的是对事物的说明、解释，而不是具体的感性形象。人存储的是概念，是关于事物的意义内容，是信息在记忆中的组织方式。在用的时候提取的过程中，再把意义的形象复现出来。

Wiseman(1974)曾做了一个有趣的实验。实验材料是一幅隐蔽图形。这张图不细看，似乎是一些不规则的墨迹而已，但若仔细观察，就能在图上看到一只狗低着头，在地上嗅着什么或啃着什么。在实验中，若被试者仅看到一些不规则的墨迹，则对此图片的记忆就差。若被试者在实验中看到图中隐蔽着的狗，即看到了图片的意义，则对图片的记忆就强。从这个实验可以看出，人总是抽取图片中的意义来记忆的。[①]

可见，真正能够对知觉过程起关键作用的不是那些零散的、相互之间没有关联的“普通”的经验记忆，而是那些具有“意义”的、“概念化”的、具有某种组织形式的，并进而形成了心理表象的经验记忆。因此，经验对于知觉的影响是通过心理表象的形式实现的。

那么什么是意象？心理学家吉布森认为，大多数知觉学习在人类的进化历史上已经发生过，因而在个体的一生中并无必要再出现。也就是说，我们一出生就继承（遗传）了人类的很多原始经验。这种与生俱来的原始经验所形成的牢固的心理表象就是“意象”。由此观之，我们经常提及的“空间意象”实际上就是指人类关于建筑的“原始经验”，是深藏于人们心中的那些基本的、概念化的、原型式的关于建筑空间的组织方式。

5.3 意象的表现

5.3.1 拓扑性质与知觉常性

你决不会因为这位熟人胖了或瘦了，或者将嘴张开或将眼闭上，而不认识这个熟人。当知觉对象的物理特性发生变化时，知觉形象并不发生相应变化，这种知觉的稳定性或不变性叫做知觉的恒常性或知觉常性。视知觉的恒常性表现得特别明显。对象的大小、明度、颜色等知觉都有一定的恒常性。比如，房间里无论打开昏黄的白炽灯还是打开冷色调的荧光灯，我们都会知道墙是白色的；我们不会由于透视的变形而把方形的茶几看作菱形，也不会把强光照射下发亮的煤块当作白色的晶体。

我们看任何东西，都是在知觉的过程中联系了过去经验的参考档案才能得以说明，这意味着视野中的亮度、颜色、距离、大小、运动、透视和体积等等，其中部分是由先前的经验决定的，大脑还能由此进行联想(包括概括和抽象)，换句话说，大脑可以从一个熟悉的事物中拓展出其新的和另一种不同的面貌。这种能力是建立在对所看的对

① 章明.视觉认知心理学.上海：华东师范大学出版社，1991：98.

象有足够经验并进而形成其意象的基础上，是基于意象的一种转化和联想能力。[①]

常性不仅存在于有关大小、颜色和运动的知觉，而且，其他与建筑学有关的环境知觉，也具有“常性”的特点。比如，“室内整齐的排列着一张张桌子和椅子，前面是一个讲台，墙壁上挂着黑板的房间是教室而不是教堂。大片森林所包围的一片空地，当中有一圈石头，其中燃烧着熊熊篝火的地方是野营地而不是办公楼。诸如此类，即使教堂在战时成为一个临时医院，或是已经改用作仓库，教堂仍会被看成是教堂；足球场依然会被看成是足球场，而不是图书馆，即使曾被用来作为书市。”这些知觉常性正是“人类不断学习并反复强化、建立牢固的意象的结果”。[②]

5.3.2 下意识的预测

意象还表现为一种下意识的预测，形状的知觉和解释都受到“预测”的影响。心理学家Gregory发现的凹面错觉（hollow face illusion）就是一个很好的例子，见图5-1。在这种错觉中，观察者在离一个人脸的凹形面具几英尺远时，报告看到一个正常面孔（凸面的）。这表明，观察者依据经验的意象而形成的对于面孔的期望，使其忽视了立体视觉的信息的作用。

Muller-Lyer错觉（见图5-2）也可通过这种下意识的预测来解释。根据Gregory（1970）的解释，Muller-Lyer图形可看成是两个三维目标的简单透视图，左图看起来像一个房间的内角，而右图则像一个建筑物的外角。因而从这个意义上，左边的垂直线段看起来较其两端的箭头离我们远一些，而右边的垂直线段看起来较其两端箭头离我们近一些。由于两条垂直线段视网膜像都一样大，这样一来，根据关于近大远小的意象，看起来远一些的线段（左边的垂直线段）一定要长一点。[③]

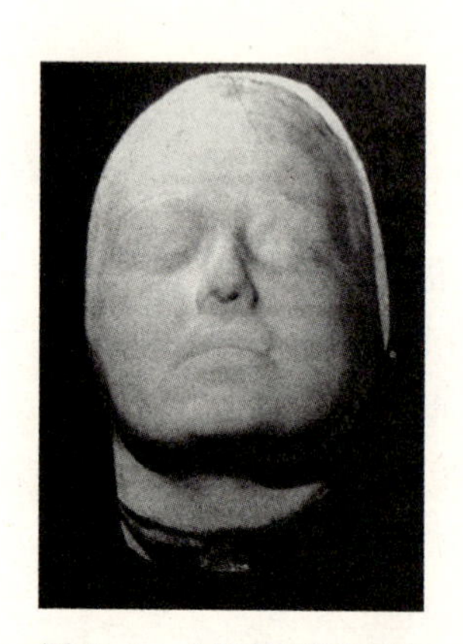

图5-1 人脸的凹形面具

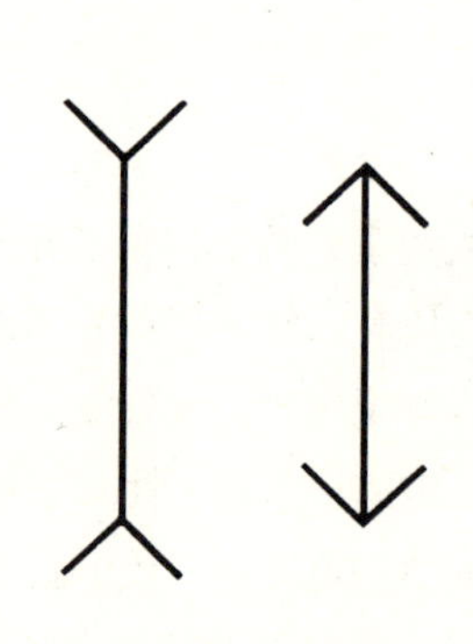

图5-2 根据大小恒常性的预测

再比如，当我们面对三维

① 章明.视觉认知心理学.上海：华东师范大学出版社，1991：28-29.

② 徐磊青，杨公侠.环境心理学——环境、知觉和行为.上海：同济大学出版社，2002:18.

③ M.W.艾森克，M.T.基恩著.认知心理学（上册）.上海：华东师范大学出版社，2002：50-81.

的物体，而又不知道光线的方向时，人们常常是根据下意识的假设来说明这个物体的。这种假设是光线来自一个光源（通常认为是太阳）并且是从上面射下来的(一般天然光线的方向)。有时候这种假设会导致错误的知觉。图5–3（*a*）是一张月球表面的地形照片，我们可以看到有许多山和山谷，谷中有一条大河。图5–3（*b*）是将图5–3（*a*)倒置的结果，原来山谷中的一条河变成了一条山脊。我们眼睛的判断，主要取决于这张照片放置的方向。由于图上并无光线投射方向的线索，我们下意识的都假设为光线是从上面射下来的，因为太阳只有一个，所以图5–3（*b*)中山谷变成了山峰，河流变成了山脊。①

上面几个例子表明，下意识的预测与知觉常性一样，是由于人们心中存在着“原型”或“牢固的心理表象”——意象的结果，这种意象深刻的影响着人们的知觉行为。

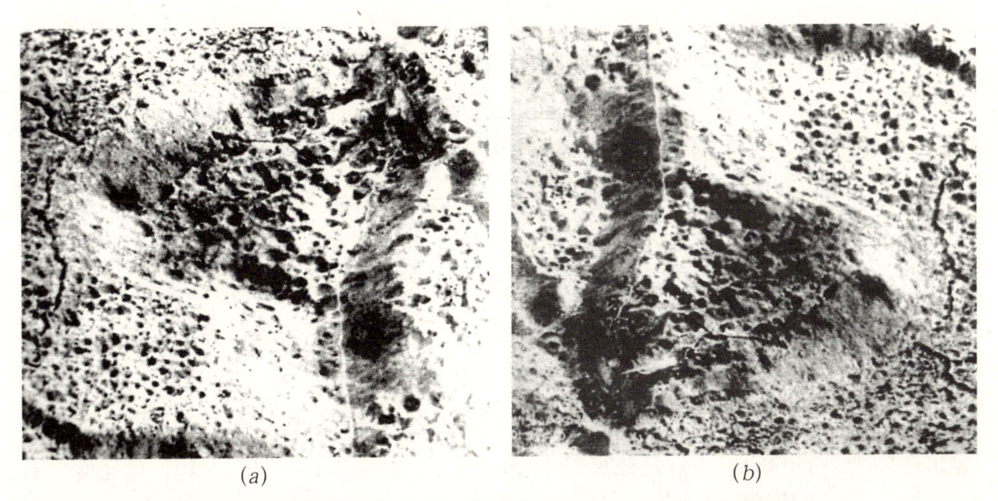

（*a*）　　（*b*）

图5–3　不同的摆放形式使照片形成了不同的效果（图片来源：视觉与视觉环境）
（*a*）照片正常观看；（*b*）照片倒置观看

5.4　光与空间的图式

如上所述，“下意识的假设光线是从上面射下来的”是人们视觉认知的一个常性，因为千百年来，人们意象中认为围绕地球只有一个方向性的光源——太阳的照射。在昼光下，人们对于三维物体是如何表现的也具有丰富的经验，这种对第三维的感觉不仅是通过人们的立体视觉，同时也是通过观察光线的变化和影子得到的，从而可以分

① 杨公侠.视觉与视觉环境（修订版）.上海：同济大学出版社，2002：28–36.

辨出它们的体积和形状。人们对于许多物体的形状、大小、位置等在明亮的自然光线下的外观是很熟悉的。如果因为光线的变化(亮度梯度)和影子的分布与人们预期的情况不一致以及产生矛盾时，常常会使人感到不安。这说明，人们已经建立了关于光与物体位置关系的意象和图式。

对于建筑而言，同样存在着一个根植于人们心中的关于光和空间的意象。照明专家William M.C.Lam说，从古至今，“所有的建筑都是针对着一个固定的光源——太阳进行设计，伟大的建筑与一般的房屋之间的区别，在很大程度上取决于设计师利用这个固定光源的技巧。”[①]这种光源与建筑的关系意味着，光总是从外部射入空间，这种光和空间的拓扑关系是影响视觉理解和预测的一个重要的意象。

另一方面，在夜间，电灯的大量使用不过百余年的历史，所谓城市夜景照明是从二战以后才真正发展起来，也不过几十年的历史。千百年来，是远处房屋中透出的摇曳的灯光给夜行的人们带来希望，并指引人们走上归途。

William M.C.Lam总结道：“我们下意识的认为白昼时室外比室内亮，晚上则室外比室内暗。”我们可以把这个“下意识”理解为两种常性或两种意象，作者把它们归纳为两个简图：一个是图5-4的昼光图式，另一个见图5-5的夜景图式。可以看出昼光图式与夜景图式的共性在于“人与光源不在同一空间”。这两种图式不仅影响人们关于时间的定向（time orientation)，也影响着人们关于空间的定向。

作者在王府井东堂的夜景照明项目中发现了一个有趣的现象，见图5-6（*a*)、图5-6（*b*)。东堂昼光下的外观形象与夜景的外观形象形成了亮度上的互补，也就是说，建筑在阳光下暗的地方，比如门洞和线脚下的阴影，在夜景中正好是其亮的地方；而建筑在阳光下亮的地方正好是在夜景中暗的地方。把两张照片放在一起，从亮度分布

图5-4　昼光图式（作者绘制）

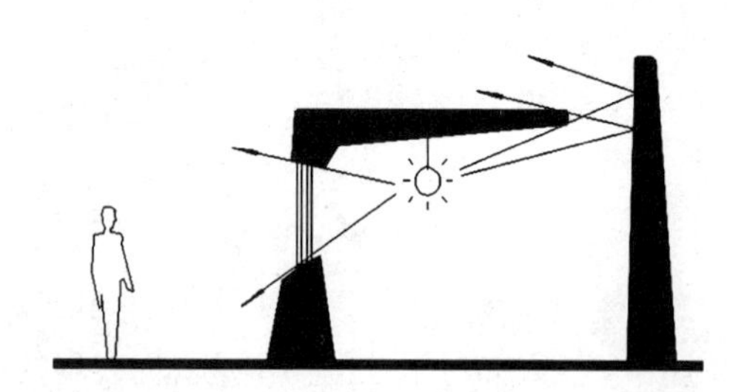

图5-5　夜景图式（作者绘制）

① William M.C.Lam.Perception and Lighting as Formgivers for Architecture.Mcgraw-Hill Book Company，1977：1-15.

(a)

(b)

图 5-6 王府井东堂昼夜光影对比（作者拍摄）
(a) 王府井东堂白天景象；(b) 王府井东堂的夜景

的角度来看，其中一张就好像是另一张的反转片。其他的夜景照明项目与其昼光形象之间也存在着类似的规律。

对于图 5-4 和图 5-5，凭借简单的几何知识就可以得出，昼光外观形象与夜景外观形象所形成的亮度分布的互补正是由二者相反的光源与空间的拓扑关系所决定的。

5.5 光箱装置

5.5.1 装置Ⅰ——昼光图式

根据昼光图式，我们设计制作了光箱装置，见图5-7，图5-8。光箱的壳体由两片

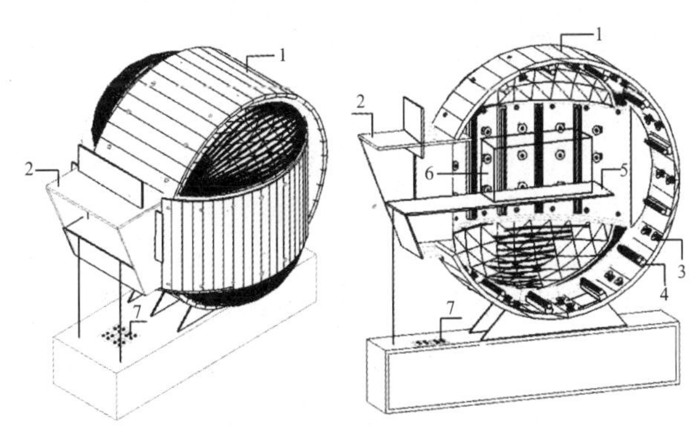

图 5-7 光箱装置设计图
(项目组成员绘制)
1-壳体；2-观察口；3-白炽灯；4-日光灯；5-玻璃承板；6-建筑空间模型；7-控制面板

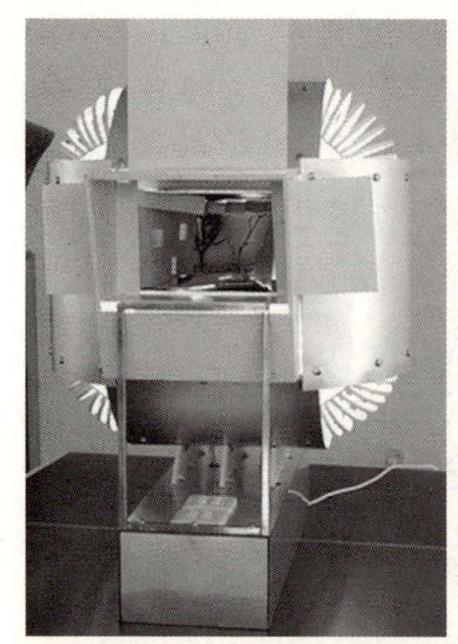

图5-8 光箱装置实物照片（作者拍摄）

垂直的圆柱面围合而成，两片圆柱面交叉的地方形成了观察口。光箱壳体的内表面规则地布置日光灯和白炽灯，用以模拟室外的天空光。由于技术限制，我们没能实现对直射日光的模拟。光箱的中间放置一个封闭的盒子用来模拟建筑空间。

我们制作这个光箱装置的目的当然不仅仅是再现昼光图式，更重要的是，我们通过这个装置，在这个图式之下，把光与空间的设计还原到其本初的状态和原始意象上去。

请设想这样一个场景：假设人们处于一个封闭的空间内，外面是明亮的天空，此时这个封闭空间是完全黑暗的。每当在墙面、顶棚或地板上开凿出孔洞或缝隙，光线就会射入空间，形成一种光环境（或亮度空间）。改变孔洞或缝隙的位置、大小、造型，光环境也会随之改变。而改变孔洞或缝隙意味着改变空间形式。由此我们可以看出，光与空间是互动的。

建筑学和环艺专业的学生可以通过光箱进行光与空间的设计实验。我们要求学生必须通过模型实验来完成设计，并且把在光箱中拍摄的模型照片作为作业提交。

实验之前，学生要准备一个矩形或其他形状的硬卡纸箱，尺寸与光箱的观察口相当，并保持纸箱的一个面开敞。实验时，学生首先把纸箱从观察口放入光箱内的玻璃板上，并使纸箱开敞的一面朝外，然后关掉工作室的所有光源，光箱除外。此时，纸箱的内部是完全黑暗的。

实验过程中学生们通过对封闭的盒子(即空间模型)开孔和开缝引入光线,并不断调整孔洞或缝隙的位置、大小和造型。如果纸箱的内部过亮，可以用一些材料把缝隙或孔洞堵上，以减小内部亮度；如果纸箱的内部过暗，可以增加或扩大缝隙或孔洞，以提高内部亮度。在这个“加”和“减”的过程中，我们称这个过程为“光与空间一体化的动态设计”，纸箱内部的视觉环境（造型与光亮）会不断优化直到满意为止，这时就可以拍照了。于是我们就可以在同一个实验过程中同时实现空间设计和光环境设计两个阶段的内容。

在此,设计成为一种过程,目的在于建立光箱的光源——模型开口——导光系统——界面组合——模型内部亮度空间之间联系的过程，实体造型是这一过程的结果，而非目的。

在实验过程中，学生们必须把注意力集中在调整缝隙或孔洞在空间中的位置、界面与缝隙或孔洞的位置关系、界面与界面的位置关系，以及构件对光的导向性上，而构件和界面的造型、材质的选择、位置及方向的确定都要从光对其自身及通过它（反射或透射）对其他界面的影响而定。学生们不再把注意力集中在单一的立面和造型上，而集中在整体的关系把握上，见图5-9。这些作品印证了William M.C.Lam的体会：“光并不总是结构发展的产物,更多的时候,是为了实现光与空间的效果而促成了结构自身的发展。”王贵祥教授也在博士论文《东西方建筑比较——文化空间图式及历史建筑空间论》中写道：“哥特式教堂其实就是对上帝真光的不懈追求的产物”。许多建筑大师的作品都可以通过这样的观念来理解，以这样的角度来学习和欣赏大师的作品，我们会得到一些新的启示，见图5-10。

光箱设计实验可以抽象为这样一个设计模式：开始的时候存在两种亮度空间的状态，一个是光箱的亮度空间，它是通亮的，另一个是纸箱的亮度空间，它是全黑的；在这个模式中，设计者所要做的就是如何把“亮度”从光箱传入纸箱，并使纸箱内部的亮度空间从全黑的状态转换为理想的亮度空间——即最佳的视觉环境。这样，我们就在设计方法上实现了第4章中提出的“光与空间一体化设计”的观念和模式。图5-11是作者指导下的部分光箱实验设计作品（华侨大学建筑学院学生作业）。

图5-9 光箱设计作品——通过对封闭的盒子开孔和开缝引入光线（学生作业）

图5-10 以“光箱”的观念看待大师的作品（图片来源：Light and Space）

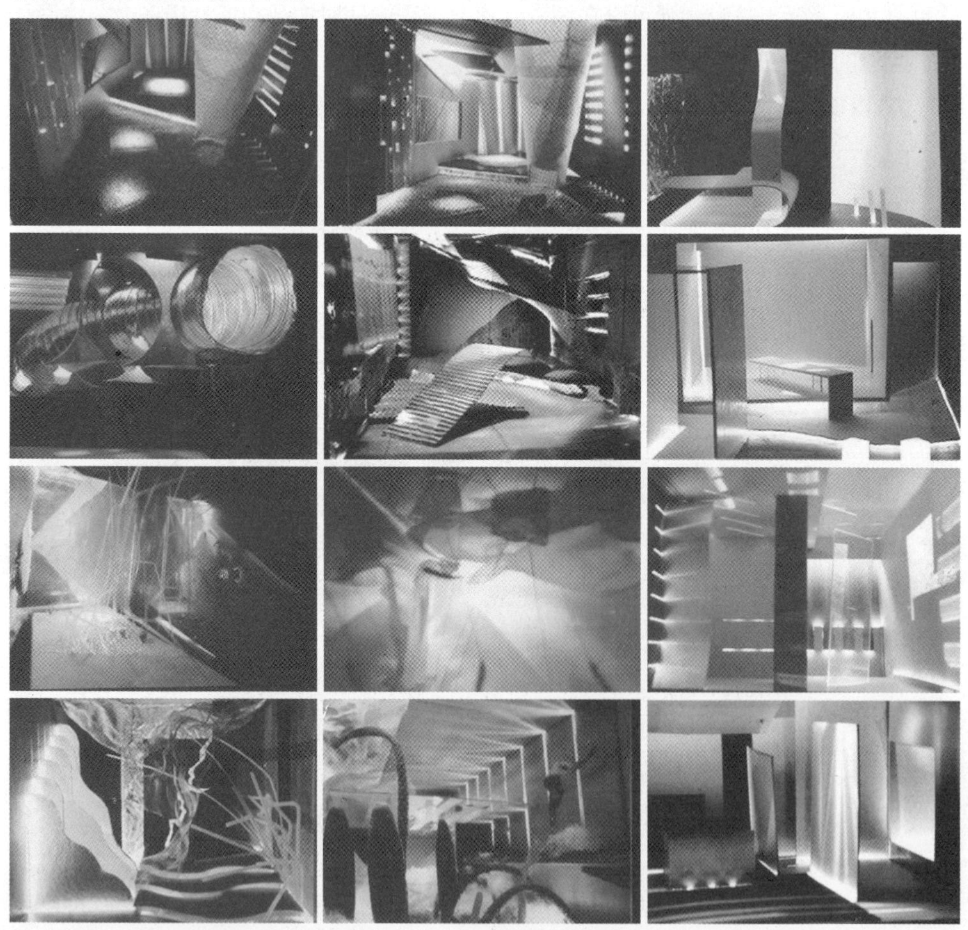

图5-11 光箱实验设计作品

5.5.2 装置Ⅱ——夜景图式

根据夜景图式，我们设计制作了光箱装置II，见图5-12。装置的箱体中布置荧光灯和白炽灯，用以模拟建筑内部的灯光。箱体的玻璃板上面放置一个封闭的盒子用来模拟建筑空间。

我们制作这个光箱装置的目的是在夜景图式之下，把光与空间的设计还原到其本初的状态和原始意象，从夜晚的时间与空间定向的角度，思考建筑设计和城市夜景照明设计的问题。

实验的操作过程与光箱装置I大致相同：学生们通过对封闭的盒子(即空间模型)开孔和开缝将光线从建筑（封闭的盒子）中透射出来，并不断调整孔洞或缝隙的位置、大小和造型，直至使建筑形成最佳的视觉形象。于是，在同一个实验过程中同时实现建筑外观设计和夜景照明设计两个阶段的内容。图5-13是作者指导下的光箱实验设计作品。

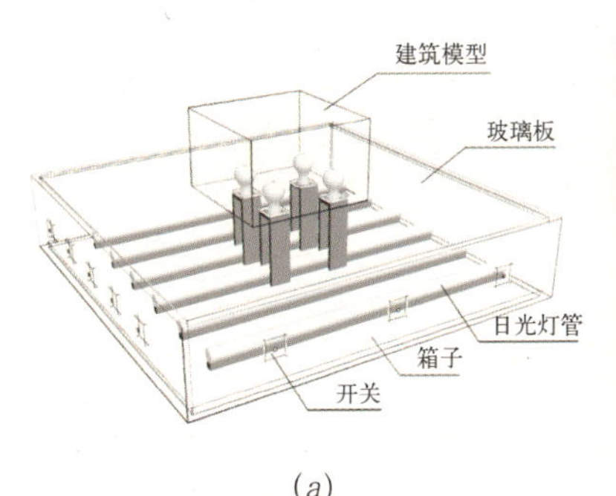

(a)

(b)

图5.12 光箱装置Ⅱ
(a) 夜景图式光箱装置透视图；(b) 夜景图式光箱装置照片

图5-13 夜景图式光箱实验作品
(作者指导的学生作业——专题美术馆设计，中央美术学院建筑学院三年级课题)

5.6　光箱设计实验操作要点

1.空间亮度的图底关系

按照前述的光箱设计实验模式：纸箱（即作者与学生们的设计作品）最初是全黑的，设计者所要做的就是如何把光从光箱传入纸箱，并使纸箱内部的亮度空间从全黑的状态转换为理想的亮度空间。因此，纸箱的内部空间总体上应该是暗的，而“光亮”是其中的主题，或者说，在设计作品的内部空间构成中，“暗”是“底”，“亮”是“图”。光箱实验中一个常见的错误是，一开始就把纸箱表面的开口做得很大，使纸箱内部空间变得通亮，结果一些局部的、细部的或重点的光亮就难以再突显出来，接下去就很难做进一步的光的表现。所以，光要慎重而逐步地引入，并使纸箱内部空间的总体和背景亮度保持在较低的水平上。

2.克服实体造型的思维惯性，注重光的表现

实验课程的开始阶段学生们会以为，光箱设计实验就是把一个漂亮的立体构成模型放在光箱装置里。所以，他们往往把纸箱表面通过开洞等方式刻画出很好看的图案，结果内部空间就呈现出各种平面图形的剪影效果，好像剪纸窗花一样，毫无空间的层次感和立体感，甚至由于剪影图形的亮度对比过大而形成眩光。光箱设计实验的关键是如何巧妙的引入光线，并在纸箱内的各个表面上形成光晕；一定要牢记的是，内部空间的视觉效果取决于这些光晕的空间构成，而不是纸箱表面上洞口自身形式的构成。

3.眩光的问题

在对纸箱表面进行切割时，学生们经常把洞口所在位置的表面直接挖掉；于是，当人们从光箱装置的观察口观看纸箱内部空间时，就会透过这个洞口直接看到光箱装置中的光源，比如看到白炽灯泡和荧光灯管，就会形成眩光，这在设计中是一定要避免的。我们可以通过一些遮挡的手段把光源直射的光线转化为材料表面的反射和透射，来消除眩光。

4.缝隙光手法

缝隙光手法是一个消除眩光并导入光线的一个典型手法，“缝隙光”不是一个专业术语而是一个形象的说法。比如，在对纸箱表面进行切割时，不把洞口所在位置的表面挖掉，而是把纸板折一下，使之与纸箱原来的表面成一个小角度，如图5-9。也可以在挖开的洞口内侧衬一块纸板，纸板和洞口之间留一个缝隙；于是，光就不会从洞口直接射入纸箱，而是从洞口与纸板之间的缝隙中射入内部空间，并通过反射，倾斜地照在纸箱的内表面上，这就是我们所谓的缝隙光。我们可以在前面提到的很多大师的作品中看到缝隙光手法的应用。

5.立体多层的表皮

很多学生认为，对纸箱开孔和开缝引入光线就是针对围合纸箱的薄薄的纸板本身进行切割，于是就会出现前面讲过的“剪纸窗花”或眩光问题。我们应该把纸板想像为一个具有相当厚度的多层表皮，当然也可以直接用多层纸板来做这个纸箱，那么我们在对纸箱开孔和开缝时，就不是简单地切割单层纸板，而是针对多层的表皮，通过调整各层表皮的开口形式以及开口之间的位置关系，使光线在开口之间回荡，从而得到很多种引入光线的方式，营造丰富的光晕效果。

这种方式在路易斯·康设计的苏—拉瓦底医院(Suhrawardy Central Hospital)的双层皮的门廊中得到了体现，见图5-14。建筑立面外，康设计了一片有着巨大开口的墙，墙的设置减少了直射光的进入，使门廊充满来自于天空的漫射光，这样门廊内部空间就获得了相对柔和的光环境，它的亮度介于室内和室外之间。光在这里使室内外空间得到了柔和的过渡和连接，丰富了空间的层次。康的另一个著名作品埃克斯特图书馆也采用了类似的手法。

6.截取光线

纸箱开口的设置要有目的性，开口一定要与纸箱内部空间的某个构件或界面相对应，或者反过来，内部空间的形式设计和造型的安排也一定要呼应开口的设置，这样才能形成美丽的光晕，否则不仅难以营造好的视觉效果还极易产生眩光。

7.空间的层次性

空间的层次可以说是空间的灵魂，在进行光箱设计实验时，学生们容易把注意力集中在纸箱表皮的设计上，而忽视内部空间的划分和层次。作者则建议大家把注意力更多地转移到内部空间的设计上来，着力营造空间层次，会发现即便是很朴素的光，也会形成很好的空间视觉效果。一定要牢记的是，光本身并不是光箱设计实验的最终目的，光是表现空间的一种手段。

图5-14　苏—拉瓦底医院门廊

8.设计的整体性

为了做好实验，学生们翻阅了很多资料，尝试了很多手法。然而同学经常会陷入这样的困惑：光的效果已经很绚丽了，但就是不出效果。建议大家：模型内部空间的设计一定要从整体入手，各种采光方式都要服务于空间整体的视觉效果，千万不能把空间的视觉效果等同于各种手法的堆砌。

9.材料的丰富性

光的效果很大程度上取决于材料的特性，光箱设计实验的想像力很大程度上表现在对材料的把握上。作者总是建议学生不要局限在常规的商店里的那些模型材料中，而要自己去发现——垃圾箱可能是一个不坏的去处。另一方面，还可以对现有的材料进行加工，形成全新的材质和肌理。

10.设计的偶然性与动手的灵感

学生们往往习惯于先画图，再制作，有些学生很认真，方案图纸设计得很详细很深入，然而，把方案制作成模型，拿到光箱装置中却完全是两回事，与自己原来的设想大相径庭。光箱设计实验特别强调动手的过程，设计只有在模型操作过程中才能得以真正的体现。在一次光箱实验课上作者曾发现一个学生很郁闷，他一直很努力，想把设计做好，可是怎么调整都不满意。后来他有些失望了，随手把桌子上的拷贝纸揉成一团，塞在模型的洞口上。结果意想不到的事情发生了，光线透过褶皱的拷贝纸产生了奇妙的光感。

作者鼓励学生在光箱装置中完成设计，而不是在宿舍中躺在床上苦思冥想，或是一门心思在图书馆中查资料。作者丝毫不认为偶然性是一种侥幸，其更欣赏实验操作中的偶然性，并且认为这种偶然性应该成为设计创作中不可或缺的要素。

5.7 光箱实验与室内设计

图5-15（*a*）所示的两个小图是日本设计师素一水谷的一个室内设计，下面的大图是作者与学生们用光箱装置制作的模型。我们可以把这个过程倒过来，设计师首先进行光箱实验设计，这种实验也可以在意念中进行，即把实际的室内空间当作一个大纸箱模型来看待，设想光线被如何从光箱装置中引入；然后把它作为一个室内照明设计的“模板”，对应于纸箱模型的效果，把光源和灯具嵌入在室内空间相应的位置上。

于是我们在光箱实验设计中加入了一个内容：在完成空间模型的制作之后，在模型的设计图纸中给其中的缝隙和孔洞添加相应的光源或灯具。这样就把一个单纯的光与空间的构成练习与具有实际意义的室内设计建立了联系，参见第2章中和第6章的学生作业。

光箱装置I蕴涵着昼光图式，这意味着光总是从外部射入空间，内部空间中的光都

(a)

(b)

图 5-15 真实设计作品与光箱装置制作模型的光影对比
(a) 日本设计师素一水谷的一个室内设计；(b) 作者与学生用光箱装置制作的模型

来自于外面的光源——太阳光和天空光。同样的，在光箱实验中，纸箱模型中的各处光也都取自于同一个光源——光箱装置的光源。光箱装置有助于解决两个问题：其一，光的整体性；其二，光的逻辑性。在室内设计中，设计师往往只注意造型自身的完美性，而光的构成缺乏整体性和相互联系。在光箱实验中，纸箱模型中的各处光都截取

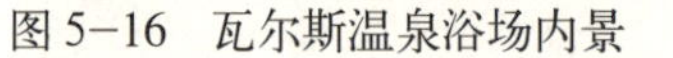

图5-16　瓦尔斯温泉浴场内景　　图5-17　某休息厅室内

自同一个光源，也就是说纸箱模型的每一处光都是同一个光源的系列片断，所以它们之间必然具有内在的统一性和相关性。那么，对应于这样的模型效果进行室内照明设计，非常有利于室内各种光的整体性。

光箱实验的一个主要特点在于，它不是通过光本身的设计来形成光环境，而是从模型的外部（即光箱装置）中的固定光源引入光线，也就是说光本身基本上不需要设计或调节，它是通过空间实体元素和构件的处理来生成并调节光的效果和强弱。所以纸箱模型中的光环境效果是空间实体元素之间逻辑性关系的直接体现。比如，在室内设计中，设计师喜欢采用的各种反光灯槽（檐板照明），这与前面提到的"缝隙光"非常类似。但值得我们注意的是，设计师在进行反光灯槽设计时，往往只注重实体造型的构成，如在顶棚平面上形成一个图案，而没有意识到缝隙光所隐含的光与空间之意象和光的逻辑性。因此，在给真实的空间布置人工照明的时候，我们仍然要在意念中进行光箱实验，把实体造型和灯具布置方式处理得好像光线是从外部的同一个光源引入的一样。

在卒姆托设计的瓦尔斯温泉浴场中，完全不用自然光，而是在顶棚与墙体的缝隙中设置日光灯来形成类似自然光的效果，使之形成天然"缝隙光"的一种"视觉幻象"（如图5-16）来表达光与空间的原始意象。在图5-17所示的休息厅中，设计师通过灯光也表达了这种意象。

5.8　光箱实验与建筑设计

在建筑夜景照明中同样存在上述两个问题，即光的整体性和光的逻辑性。我们同样可以通过光箱装置Ⅱ进行纸箱模型的操作或在意念中想像，把纸箱模型的效果对应到实际的建筑设计和夜景照明设计之中。

第6章
光箱设计实验作品

作者于1998年1月自行设计制作了可以通过实验进行光与空间动态设计的模型装置——“光箱”，见图6–1，其后经过了多次改进和完善。

光箱装置先后在华侨大学、清华大学和中央美术学院的建筑学院应用于教学，主要针对建筑学和环境艺术设计专业2～4年级的学生。

实验之前，学生被分为若干组（每组2～5人），实验的要求很简单，就是让学生准备一个现成的矩形硬卡纸箱或自己制作的其他任何形状的硬卡纸箱，尺寸与光箱的观察口相当或略小（即高、宽、深不超过40cm × 60cm × 90cm），并保持纸箱的一个面开敞（用来观察纸箱内的空间状态）。

设计实验的步骤如下：

第一步，通过黑卡纸素描进行构思和表达意向。

第二步，把纸箱放置在光箱的玻璃板上，并使纸箱开敞的一面朝向光箱的观察口。

第三步，根据需要打开并调节光箱装置内的光源，事先应关掉实验室内的其他所

图6–1　最早的光箱装置

有光源，并用厚窗帘把实验室的窗遮住，以保证除光箱以外没有其他光线。

第四步，通过对纸箱开孔和开缝引入光线，不断调整开孔、缝隙的位置和方式，并把各种各样的材料应用在纸箱的内部界面上，同时可通过开关控制面板调整光箱内的光线，从而在纸箱内形成“亮度空间”。通过反复的设计和调整，从界面或构件对光的导向性以及通过反射或透射而对其他界面产生的影响来最终确定构件和界面的造型和材料，以使“亮度空间”达到最佳的视觉效果。期间要拍摄过程照片予以记录。

第五步，绘制纸箱模型的平、立、剖面图或分析图，并在适当的位置设置灯具或光源，也可以进一步做出灯具或光源选型。

第六步，拍摄纸箱亮度空间的最终成果照片。

以下内容是在光箱装置Ⅰ中完成的部分设计作业。

□ 清华大学建筑学院2000级学生作业／三年级
“建筑光环境”课程

The Maze of Light 旋光叠影

指导老师：常志刚

学　　生：张　阳　秦达闻　钱娟娟　田　晶　邱杰华　王　强

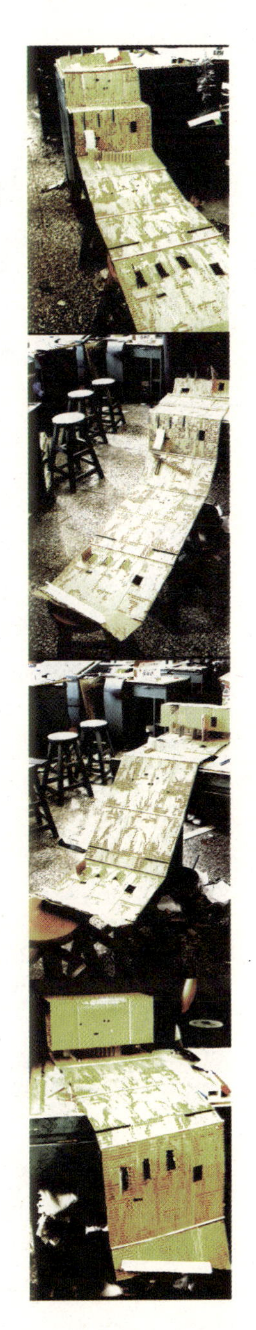

方案起始于对于亮度空间层次的塑造，我们试图运用连续的界面制造一个多层次的空间。迷宫般的光的螺旋，成为了我们的设计起点。随着纸的不断折叠，光在迷宫中游走。

从入口处射进来的光线在迷宫中通过界面上层层反射，营造光影的退晕，勾勒出空间的基本层次。自顶棚后部洒下的光线，强调了空间边缘的界定，并在背景中形成稍强的亮度对比，呼应中间光亮度的丰富层次。右侧成为一个个的盛接光的平面，亮与暗的交替，光与影的交叠，使游走在迷宫中的光线开始跃动。

左侧的静谧消解了右侧的灵动，柔和的光线穿越界面的存在，在不断抬升的反光板上蔓延，形成越层的光影退晕。

透过半透明界面，空间的中心归于朦胧宁静，旋动的光影以这种方式汇集，完成了最后的高潮。

灯具说明：

一、楼梯板下灯光布置：1.布置间接型灯具；2.使用普通荧光灯管；3.通过半镜式抛物面反光器反射到楼梯塌板部。

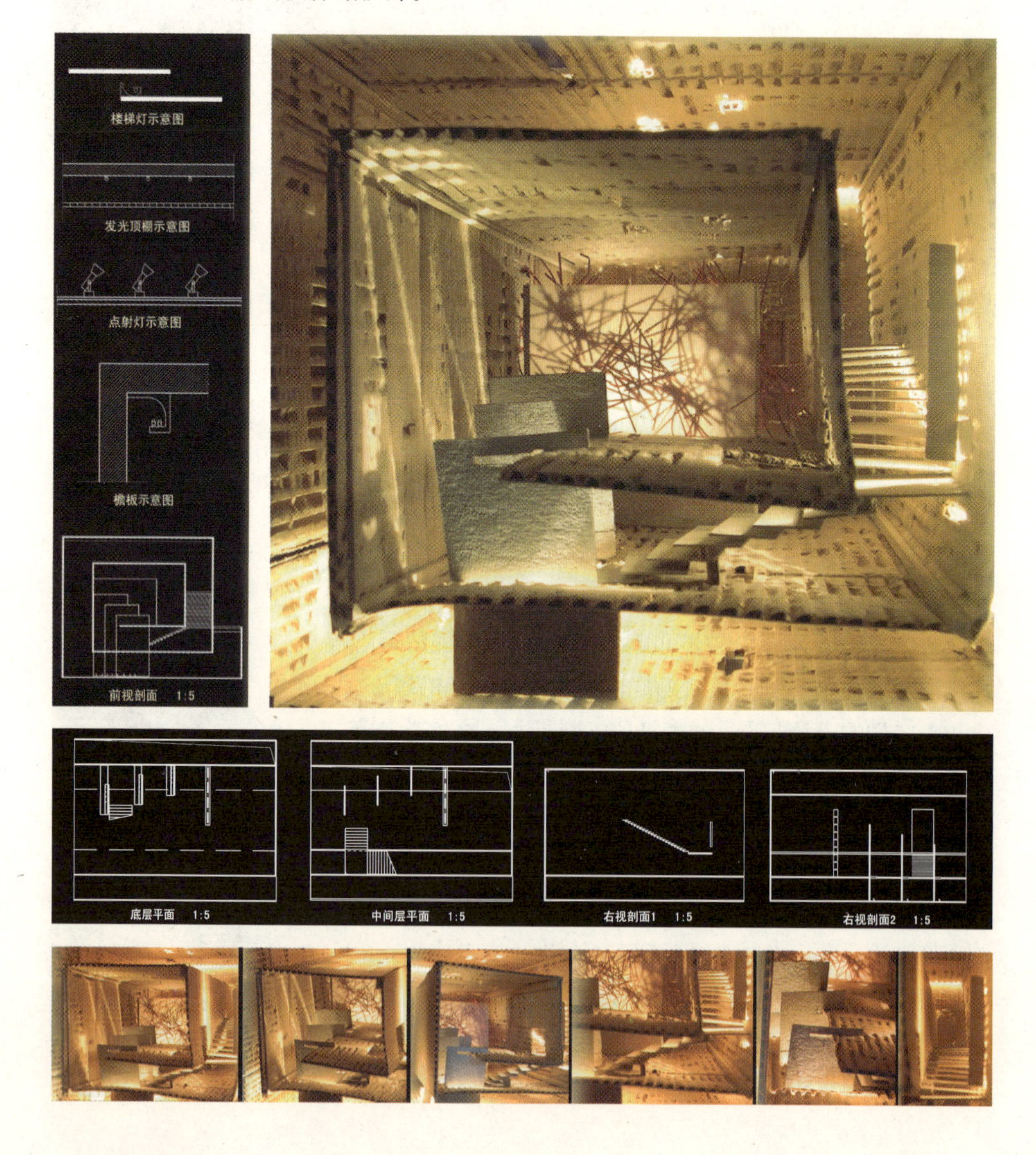

二、顶棚灯光布置：1.采用檐板照明装置；2.使用普通荧光灯管；3.利用与墙平行的不透光檐板的反光将墙壁照亮，形成均匀的亮度退晕效果。

三、穿透折叠空间的灯光布置：1.布置窄配光直接型灯具；2.使用卤钨灯；3.将点射灯装在内设电源线的光导线上，灯具可以灵活滑动，创造恬静优雅的环境气氛。

四、折叠空间入口处的灯光布置：1.采用发光顶棚照明装置；2.使用露明荧光灯；3.利用发光顶棚敞亮的特性给折叠空间提供入口配光，利用折叠结构使发光顶棚的光线发生转折，更显柔和和清新。

五、折叠空间中心灯光布置：1.采用发光表面照明装置；2.在半透明表面的内侧加入带质感的镂空夹层；3.通过半透明的表面形成折叠空间中心的主要光亮度，不仅避免眩光，而且提供独具视觉效果的质感变化。

光——序列——层叠

指导老师：常志刚

学　　生：代　杨　屈小羽　梁思思　王志姗　李阿琳

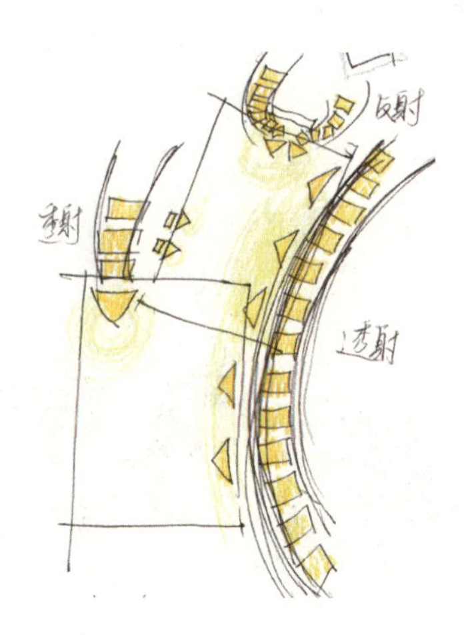

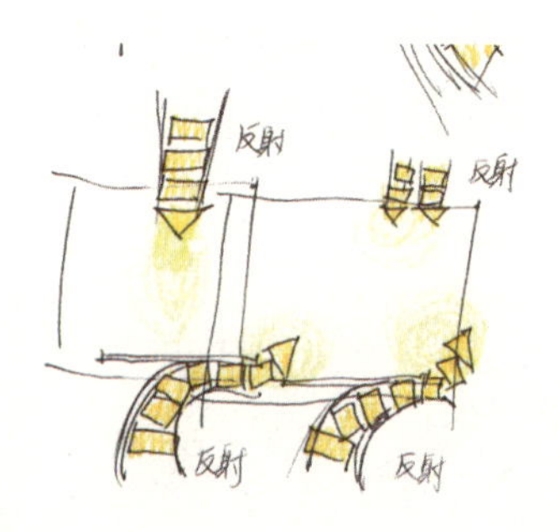

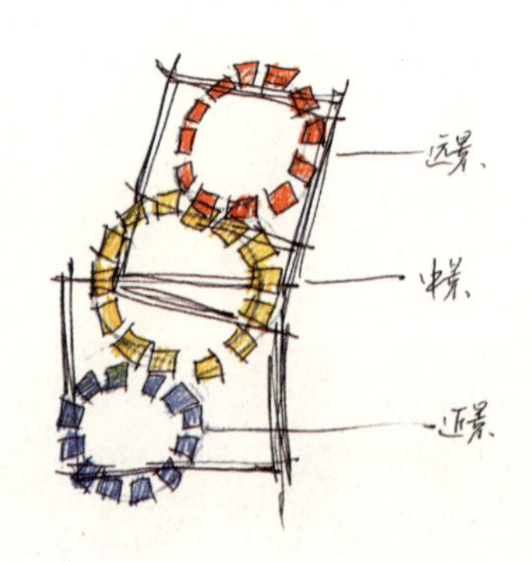

我们使用柔和的漫射暖光穿过两个盒子。采用底部暖光使地板形成两条光带。后部采光，更加可以突出背景，强调视觉中心，右墙用一种柔软、粗糙、半透明材料与其他墙形成对比，右部的光源形成一种漫射的效果，充满柔和、安静的暖光气氛。

这是我们最初的光效果的实验，可以看到直射光和散射光形成的不同亮度，不同的层次光的引入改变了原来纸箱空间的单调。

我们试着让光射入，并且放入物体，形成一个光影的环境也初步感受了一个光的整体环境。

这是我们尝试用其他半透明的材料来营造另一种空间聚苯纸的纹理在光的照射下更加丰富多变，为空间增添生机。

我们尝试在开洞口处将光引入到纱布或其他半透明的

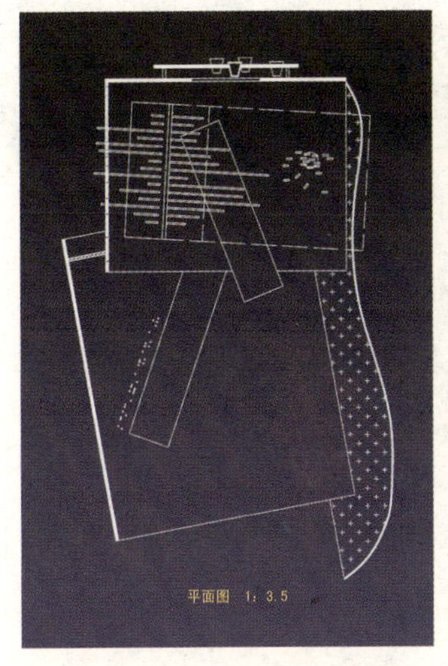

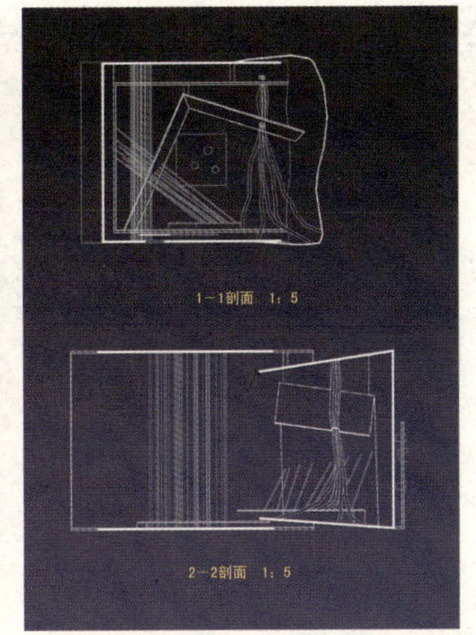

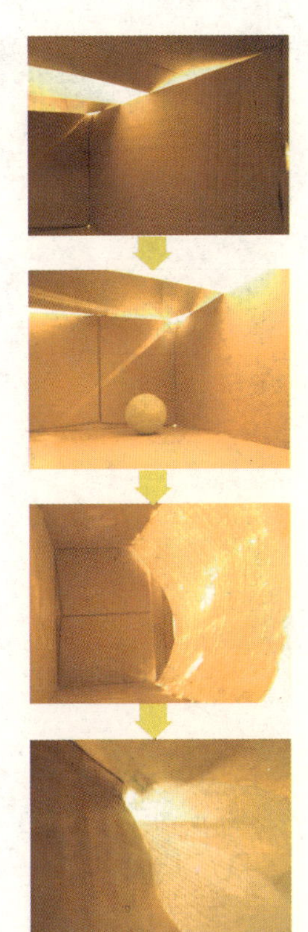

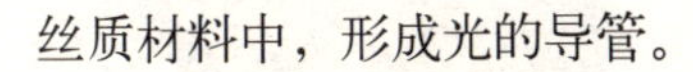

丝质材料中，形成光的导管。

顶部开洞，用丝带引入顶光；背景处引入光，使人感受后面延续光的空间；地板用光盘和玻璃形成光的反射；开一些序列的小洞，使墙面变化丰富。

利用丝带引导光的序列，强调出空间的线性导向关系。

中间的新增折板丰富空间层次，背景提亮，顶部带状丝带引光，底部光带强调空间方向；右墙开口。

追逐光线

指导老师：常志刚

学　　生：张志勇　董　理等

缝隙　遮挡

首先，我们在顶棚上穿插了几个柱状体来引导光线，通过调节柱体上下开口面积和长度的比例来调节光线，避免天光过于强烈。在两个侧面：右边处理成带格栅的双层墙，光从两面墙之间透进来；左面的在上方做了“U”形的褶皱，开了两个小口让光线透过，进行稍许变化。

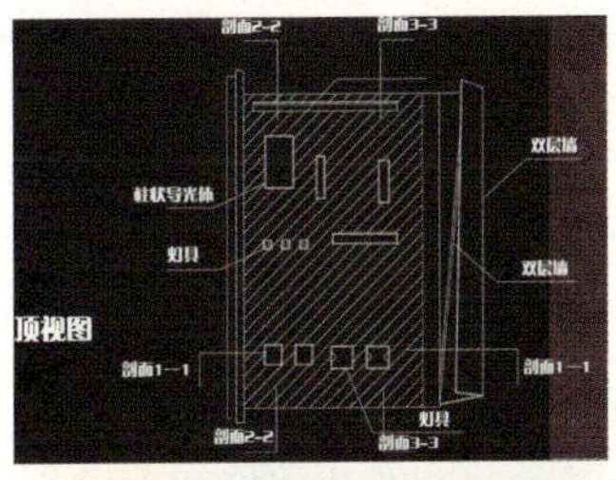

材料　质感

在尊重纸箱的原始质感的前提下，我们引入了金属链条，半透明的胶片和印有英文字母的透明胶片。光打在这些不同材质上给人的感受是不同的，采用多种材料对比形成了丰富的亮度空间，使空间富于变化。在前几次的实验中我们也尝试了粗糙质感材料的应用。

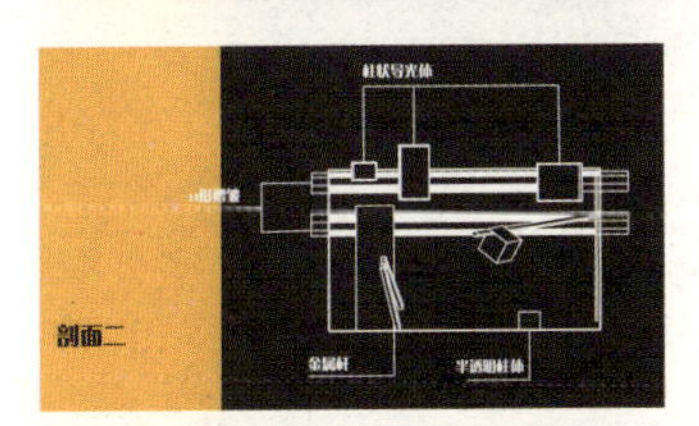

透明　层次

我们利用放置在其中一些大小不一、材料不同的长方体来组织空间的层次，其中穿插了一些金属的杆件，使其与长方体交叉叠合在一起，在后面的墙上采用了圆孔的穿孔板，从上方透过绿色的塑料引入淡淡的光线，使光线更加柔和。

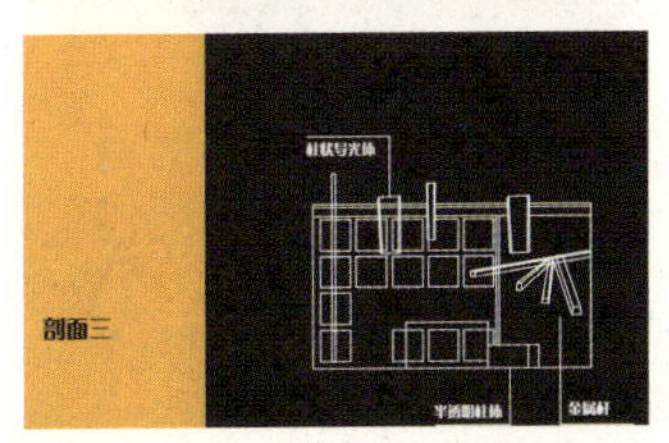

园林印象

指导老师：常志刚

学　　生：朱轶人　姜　冰　闫　琳　田瑞丰　洪伟雄　王海燕

中国古典园林的一个重要特点就是以小见大，其中表现形式之一就是取景框的运用。在建筑空间上强调的使室内空间与室外空间的隔断与渗透。假如把这个概念用到光学的设计上面，则表现为室内与室外光线的融合与对比。在相机对面的墙上设置了一取“光”框，尽管本设计所有的光都来自室外，然而在取景部分则强调了室外光的引进，使其成为室内光环境的焦点。

一片围合的折墙力图从顶部获取倾泻而下的顶光，需要从光源空间到顶光转换空间再到室内空间的过程。在顶棚用三块板形成缝隙，将光源空间的光转换成与周围顶棚有强烈对比的带状光晕，指向中心点——窗口。类似的手法还表现在台阶式光带组引人入胜；有韵律感的阶梯引人“走向”窗口；通过半透明进光口进入匀质光转换空间，再通过有小孔的弧墙形成室内一面洒着“星星点点”的光斑的截面，如跌宕有致的音乐将视线引向窗口。

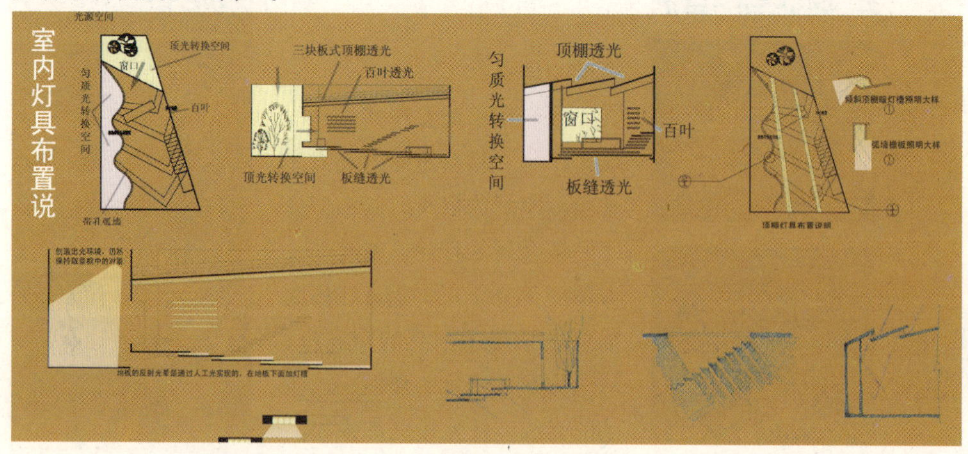

早晨　日出时候光造就了神秘的氛围

中午　正午时候灿烂的光在室内跳跃

傍晚　黄昏时候空气中处处渗透着迷眩的光

重复与韵律

指导老师： 常志刚

学　　生： 石　璐　吕　涛　林晓梦　崔　琪　胡　云　王　惟

我们希望通过不同类型的重复组合空间，以此形成光的空间和矩阵，并在整体上形成有如音乐般旋律的感觉。

在楔形的盒子里运用点、线、面等不同的重复，从而塑造出光的空间和旋律，后部穿插的圆筒则是乐章的主旋律。

左侧墙，右侧门框，吊顶以及后部圆筒均采用重复的手法来形成空间。它们是构成旋律的音符。

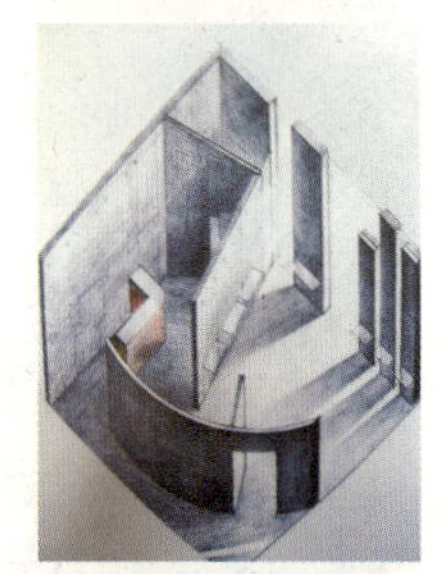

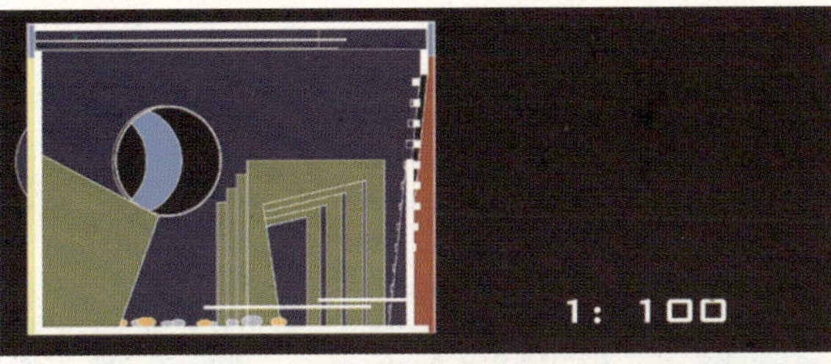
1: 100

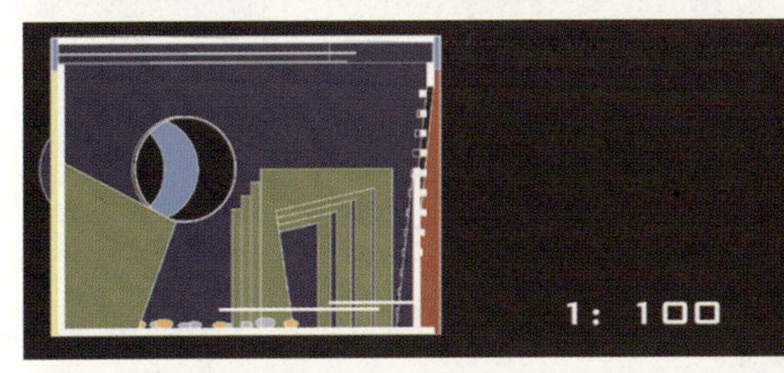
1: 100

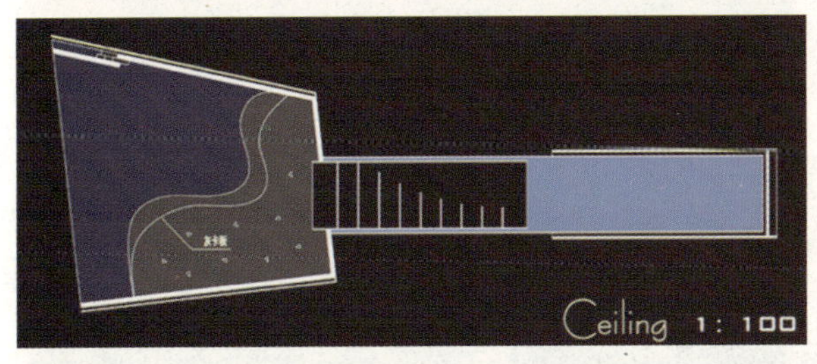
Ceiling 1: 100

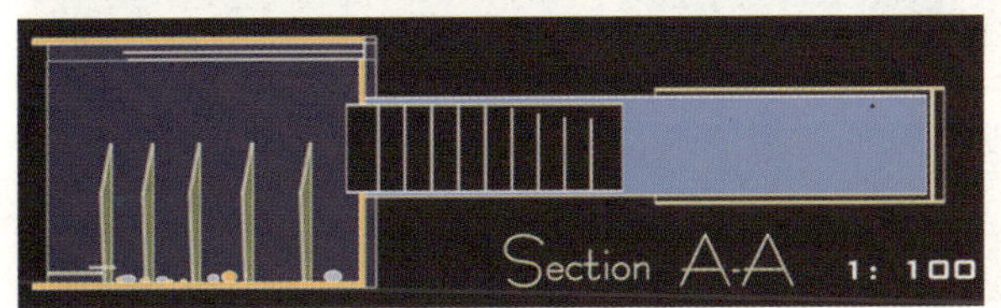
Section A-A 1: 100

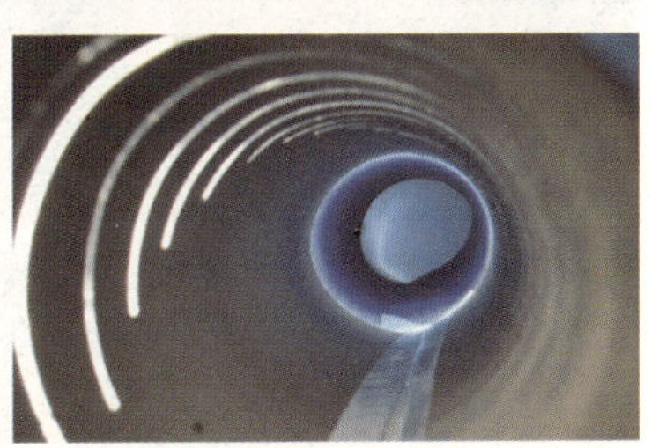

设计空间就是设计光亮——路易斯·康

指导老师：常志刚

学　　生：赵　雷　肖礼军　栾景亮　刘蔓靓

两个由金属网状材料构筑的柱体穿插于光箱中，空间分成三个可能的亮度空间。主空间较暗，中间平行布置三片蓝色半透明的玻璃纸，将空间进一步分割并赋予亮度空间以光色，进次的视觉效果将观者视觉中心引入光箱后部放置实体的亮空间。由暗到明柔和的过渡处理丰富观者的视觉体验。侧墙面采用一次光源，韵律的开洞将光引入主空间，同时在顶面及地面采用连续的有色线性光源。

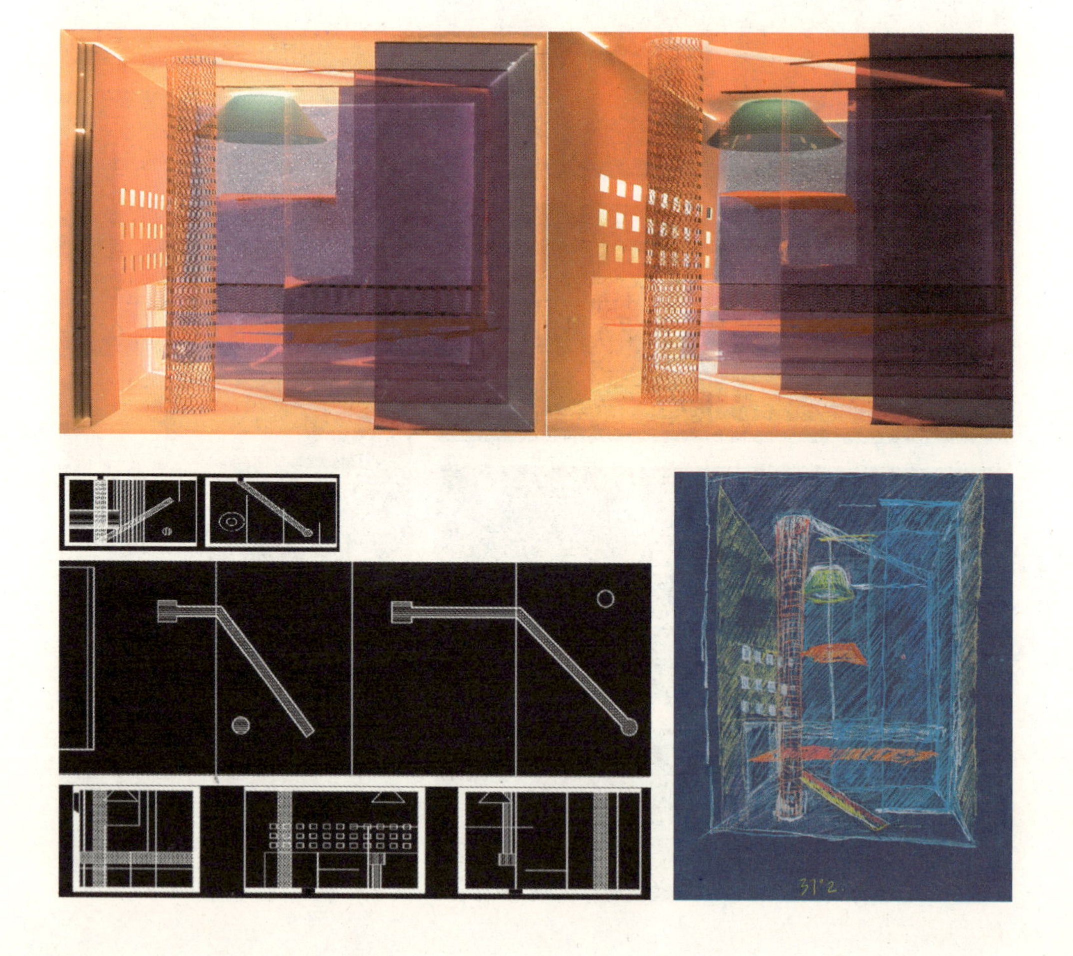

Light Triangle

指导老师：常志刚

学　　生：郑粤元　黄晓锋　程晓曦　陶　蕾　刘晶晶　徐　杰等

有了光／才有了这一切／包括盒子光／界面／碰撞／反射、折射、透射光／盒子／捕捉／空的盒子被它装满光洁墙面／透射／ 笔挺明亮的光带玻璃／无规则／折射出极大偶然性镜面／穿孔／满天星令人充满遐想的镜面／反射／视觉空间进一步拓展虚／实／此时／实现零距离亲密接触文字／不再有象征／只是视觉元素一切／因光而存在／包括空间本身。

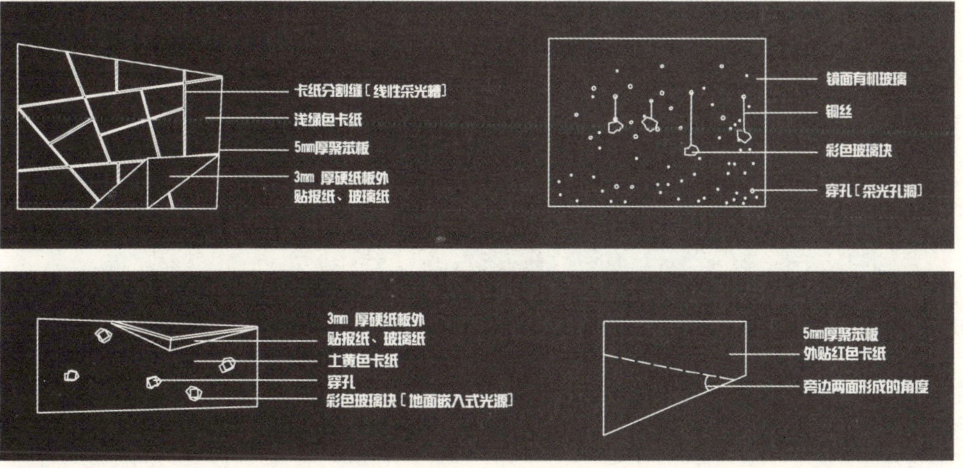

PERSPECTIVE
MAIN PERSPECTIVE
DECONSTRUCTION

Light My Fire

指导老师：常志刚

学　　生：赵菲菲　周　凯　贾　枚　何　苗　潘　悦

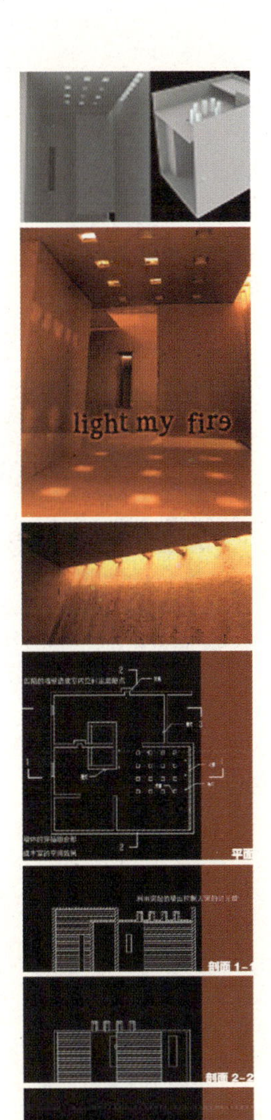

光箱实验设计从构图与素描关系出发，突出光线的明暗、主次层次，表达光线在室内造成的神奇的视觉效果。一方面通过墙体和顶棚的组合划分空间层次，并引入光线；另一方面通过天窗自然采光，利用一些手段控制光线的强弱来调整空间层次。灯具布置，如主要空间里的地灯照明，走廊空间的壁灯布置等力求能够表现出空间的层次和变化，做到明暗对比、虚实结合、主体突出。

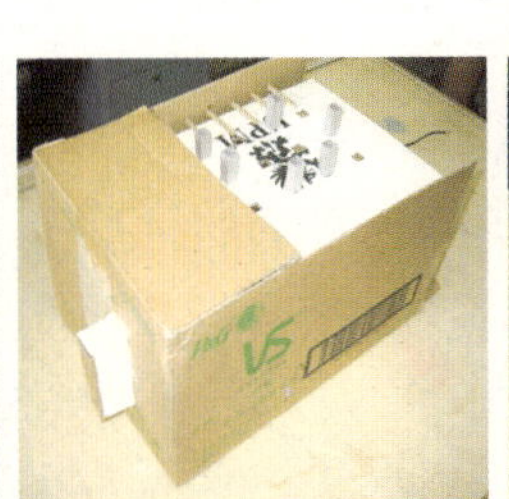

沌·光·祭

指导老师：常志刚

学　　生：赵　晨　杨　颖　杜霄敏　郑　雪　霍振舟　鲍　威　朱志远

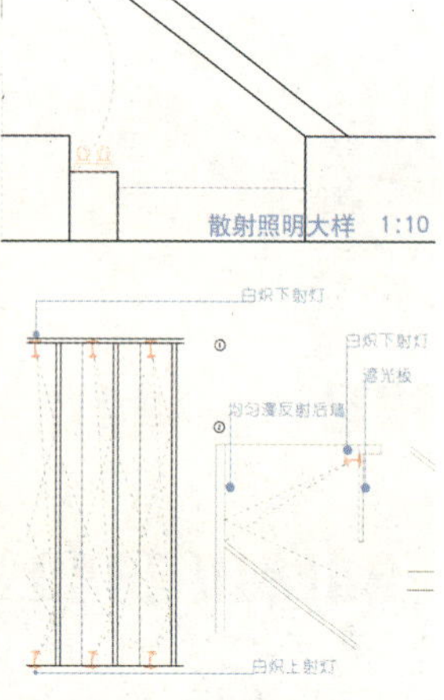

光是道
建筑是器
然光的悲哀
在于其短暂的生命
是建筑从光的浑然质朴中
雕琢出了空间的性灵
使其超越有限而获得永恒

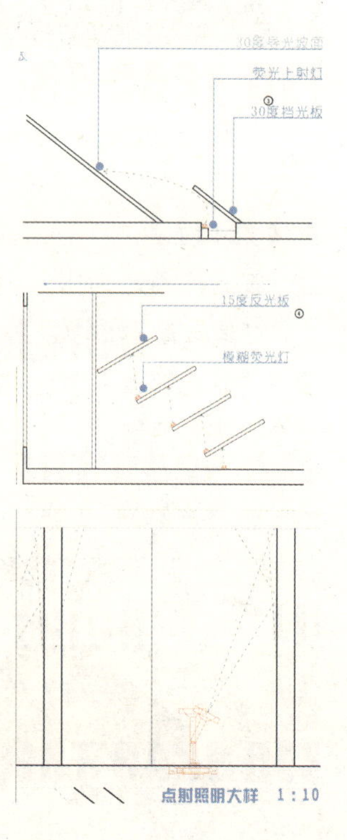

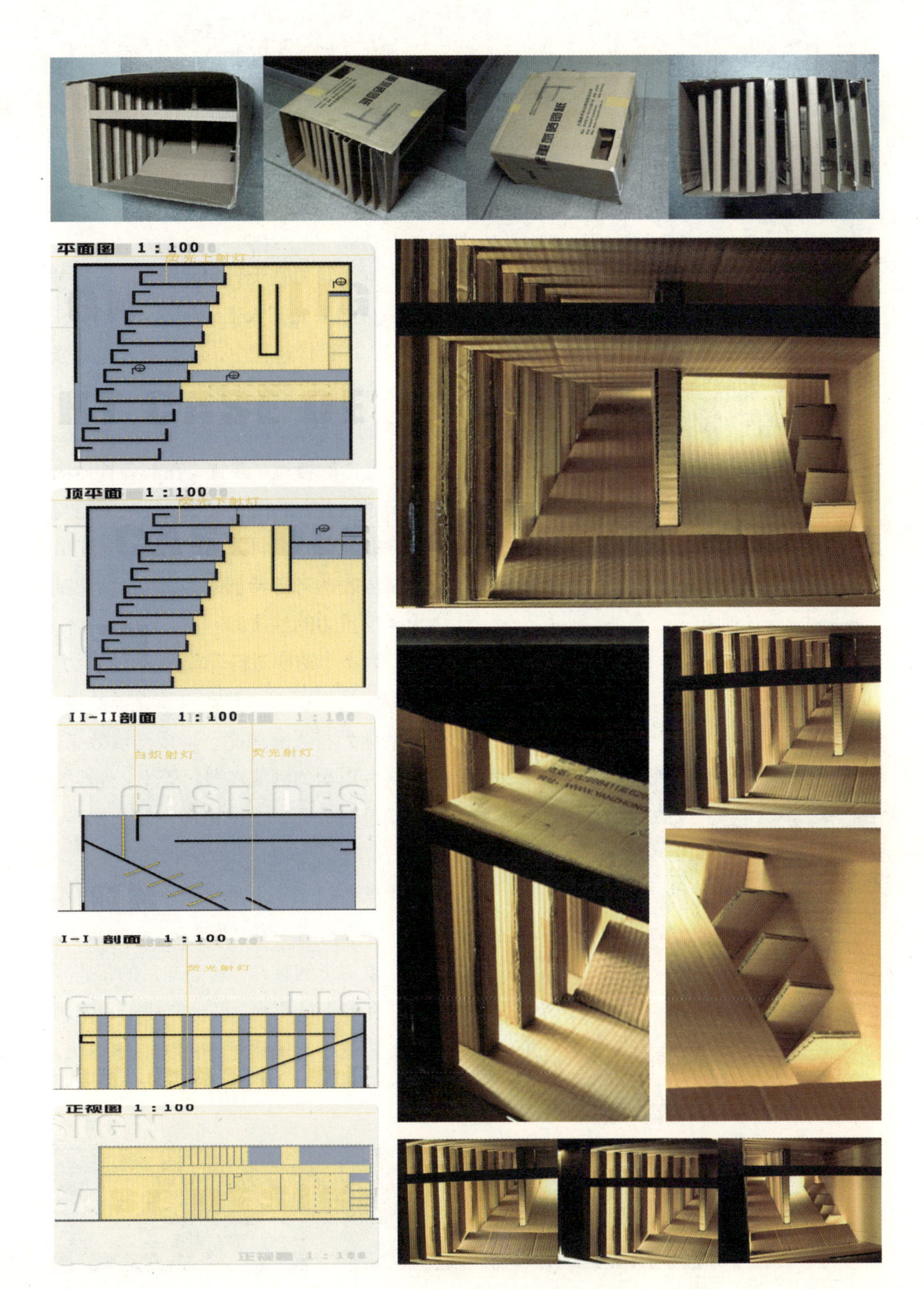

平面图 1：100
荧光上射灯
顶平面 1：100
荧光下射灯
II-II剖面 1：100
白炽射灯
荧光射灯
I-I 剖面 1：100
荧光射灯
正视图 1：100

DREAMBOX 5.1

指导老师：常志刚

学　　生：尚　晋　张彦磊　郑伊航　王晓磊　张力智　孙菁芬

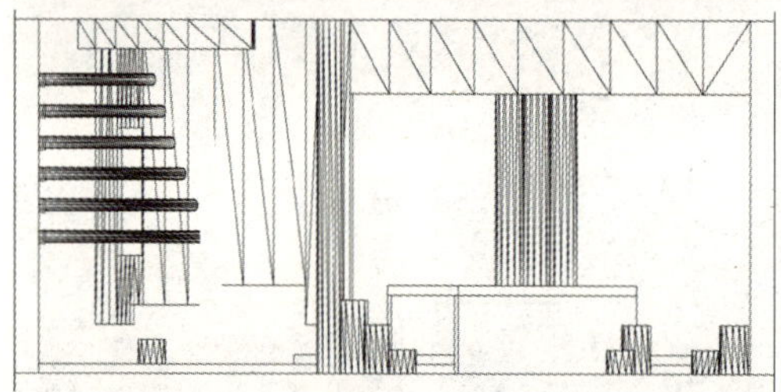

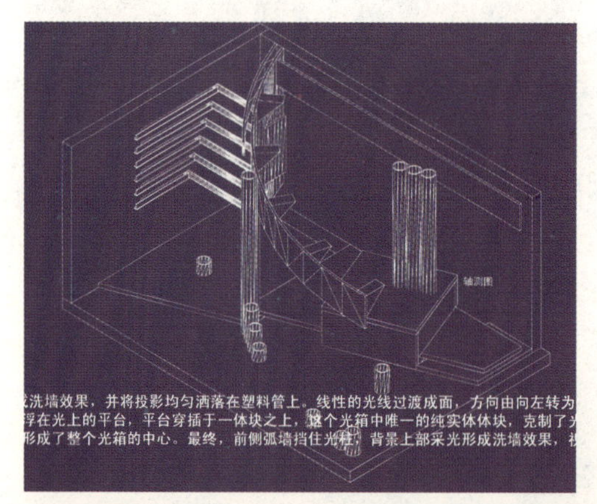

本光箱着重于日光的模拟，部分考虑了自然采光与人工照明之间的配合，所以，在设计过程中，着力于对光线强度、方向、质感以及光在空间之中的体积感的推敲，力求在设计中表现光澄明，通透的特质，并且，在与各种体块（线、面、体）的结合之中，反映了明与暗，虚与实的空间关系。最终，光在借助实体表达自身特征的同时，也被光赋予了反重力的性质。

六条半透明塑料管首先从光箱后方左侧将光线引入，并在弧墙之前结束。一束顶光将弧墙照亮，形成洗墙效果，并将投影均匀洒落在塑料管上。线性的光线过渡成面，方向由向左转为向下，随着亮度的变化，主体跳转到前景，一束光的柱子将弧墙拖浮起来，几根小柱，立于弧墙下方，为变高变窄的弧墙做了重力上的补偿。转而向后的，是一个浮在光上的平台，平台穿插于一体块之上，这个光箱中惟一的纯实体体块，抑制了光线形成的漂浮感和不稳定性。

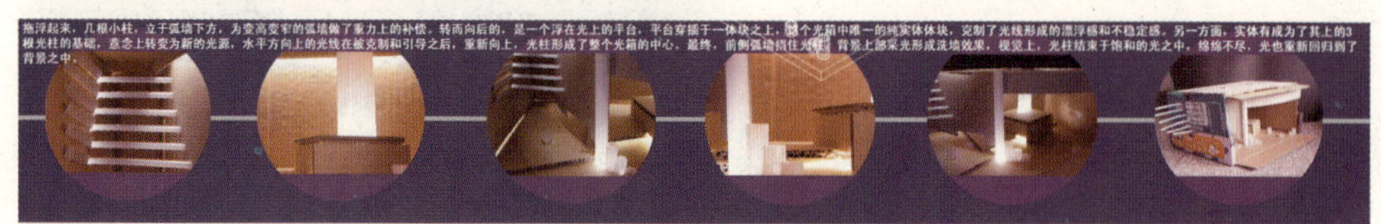

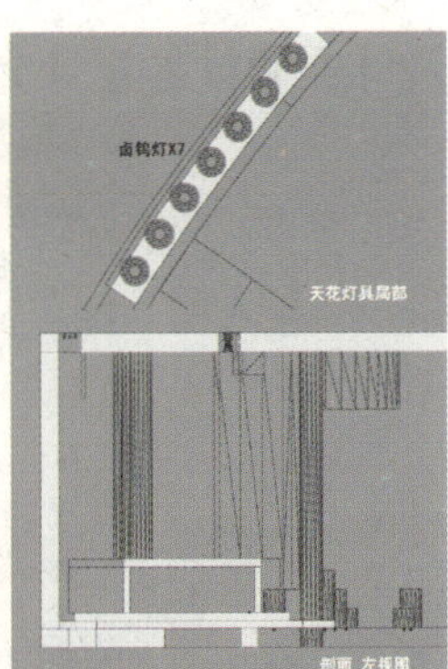

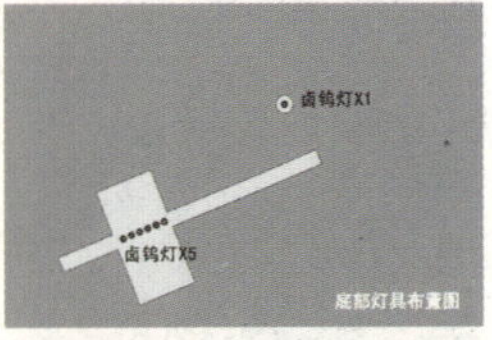

另一方面，实体成为了其上的三根光柱的基础，意念上转变为新的光源，水平方向上的光线在被克制和引导之后，重新向上，光柱形成了整个光箱的中心。最终，前侧弧墙挡住光柱，背景上部的采光形成洗墙效果。视觉上，光柱结束于饱和的光之中却绵绵不尽，使光重新回归到了背景之中。

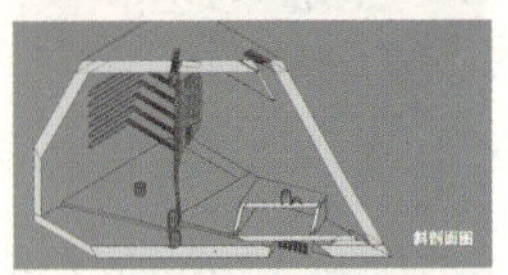

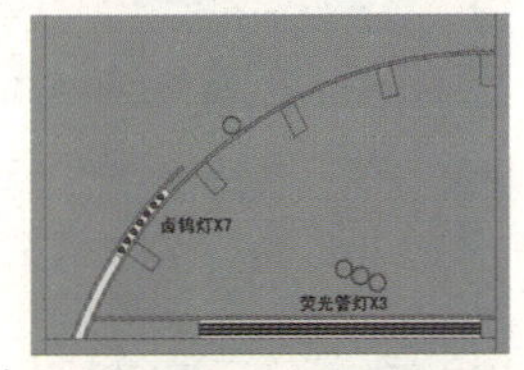

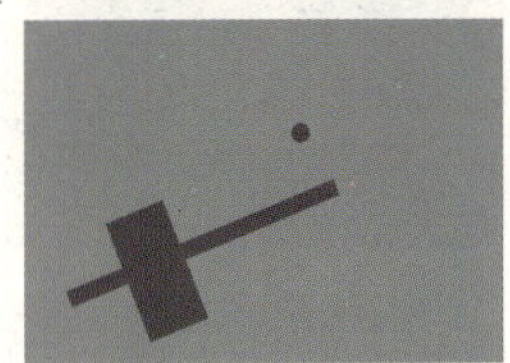

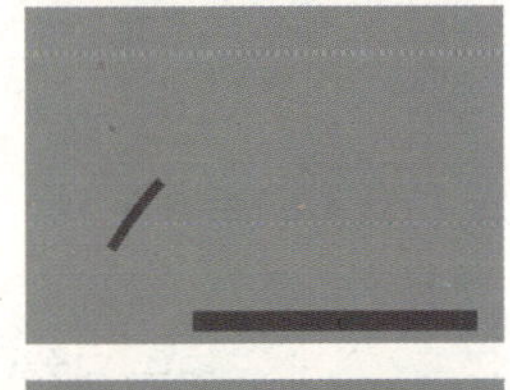

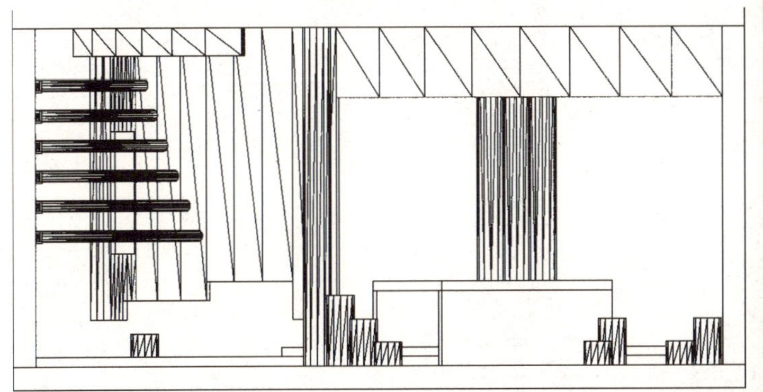

正面视图

设计空间就是设计光亮

指导老师：常志刚

学　　生：王　昆　万旭东　张　婷　李校凭　倪尤培　章　云

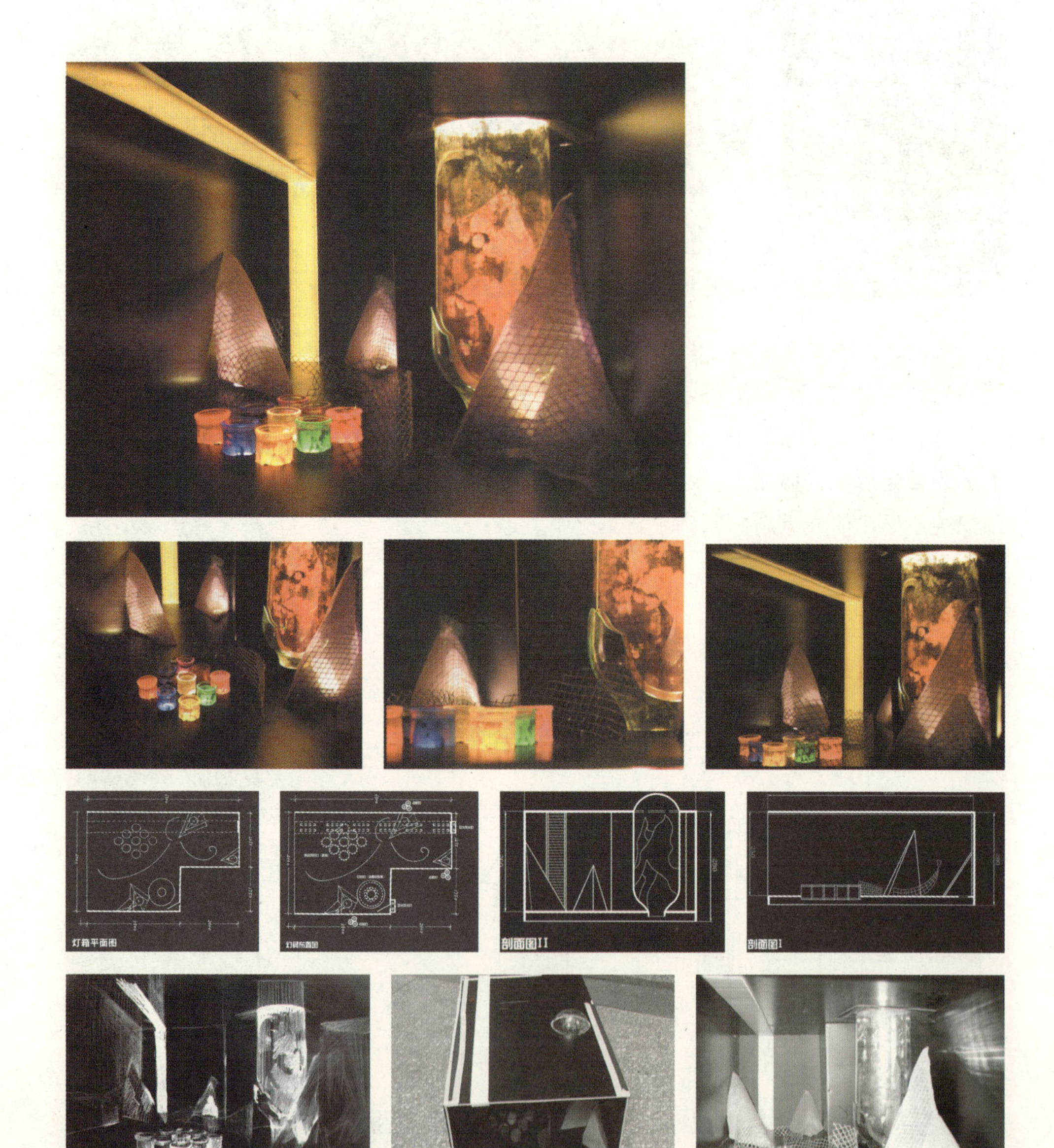

建筑光环境之光箱设计

指导老师： 常志刚

学　　生： 刘秀娟　高微粒　吕　僖　马　瑞　苗　恺　季　星　柴江豪

笔下的意境永远无法概括光那不可言喻的意味，或是几缕光线，或是柔柔的浸开，或是棱角分明的阴影，或是欲说还休的暧昧。层次自然是第一被考虑的，大箱子、中箱子、小箱子，层层的片，推敲时摆开许多，其实层次做得太多便很有投机取巧的味道，于是最后仍只用两个。第二决定的是中心，大抵因为用了方箱子的缘故，希望在内部有所变化，便取了曲线作为了中心的元素——磨砂玻璃的锥形卷筒。中心需要至少两个层次的衬托或对比（远和近）："工"字形的木条引下些许光线环绕了中间那透过磨砂玻璃的锥形柔光作为近处的衬托；茶色玻璃拼成大小不一、形状各异散布的罩，折射出底部漏光成为远处的比较。该说到箱壁了，首先是最外面的后侧，利用竖向长条的空隙让光线射进来，左侧面上离

开的片之间漏进不多的光线交叉散射开来；里侧的后壁上自由的开了好些可开启的洞口，几重障壁钻进来的光影颇有几分朗香的意味，形成光影迷离的世界。

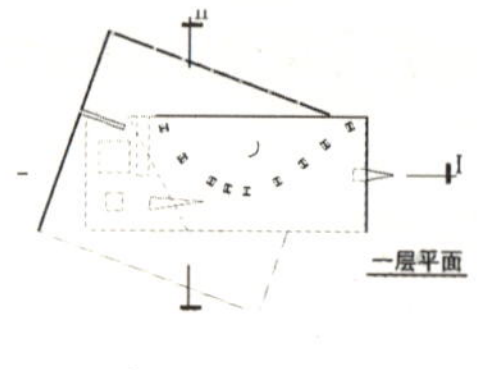
一层平面

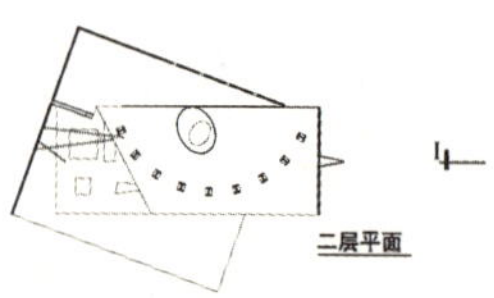
二层平面

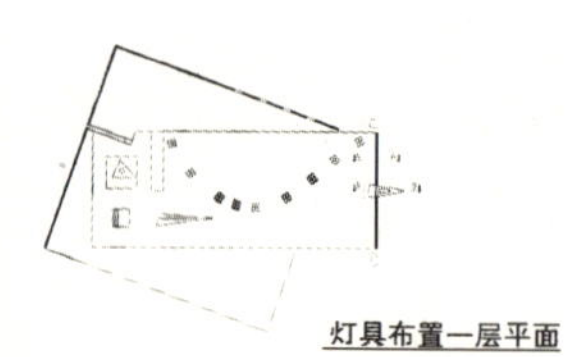
灯具布置一层平面

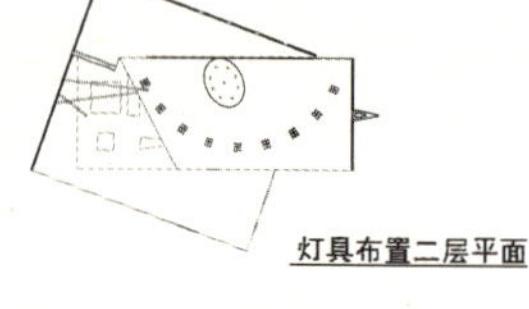
灯具布置二层平面

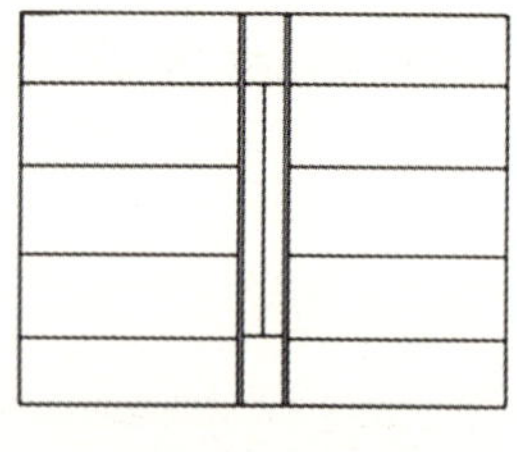
C-D立面

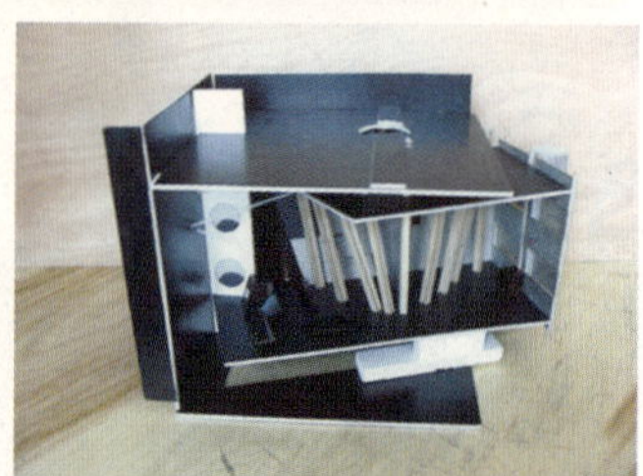

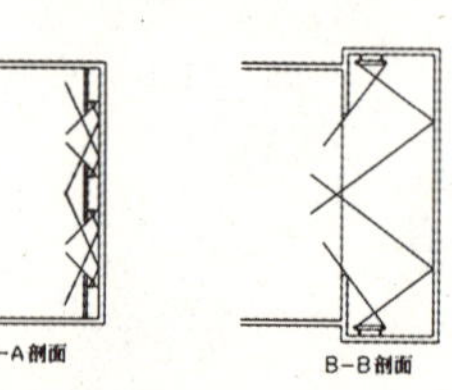
A-A剖面　B-B剖面

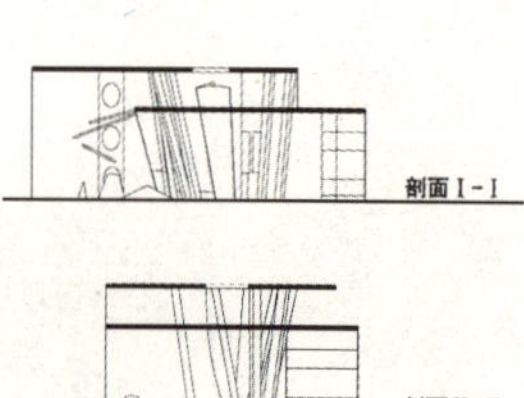
剖面Ⅰ-Ⅰ

剖面Ⅱ-Ⅱ

光箱试验结果

指导老师：常志刚

学　　生：唐　磊　全　龙　支　点　王建科

在光箱内部用块、片、线的构成布置场景，探索不同采光方式对室内场景产生的效果，以及对各种采光方式组合的整体把握。

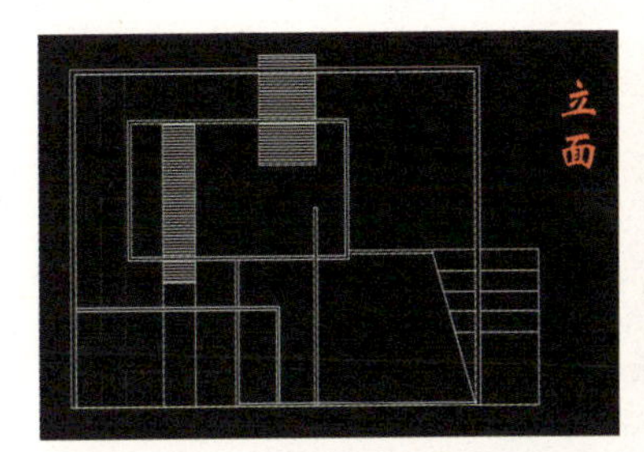

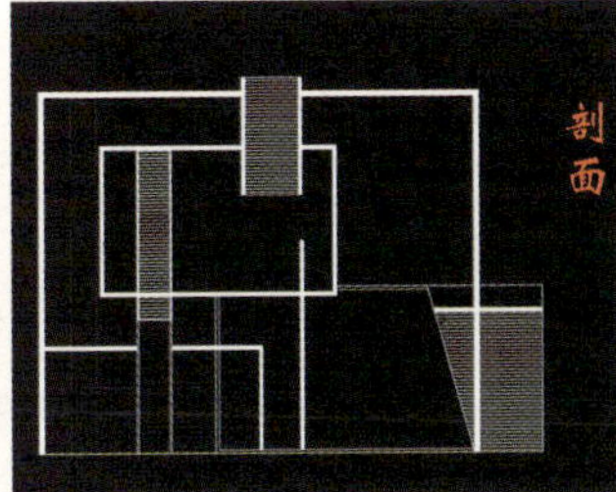

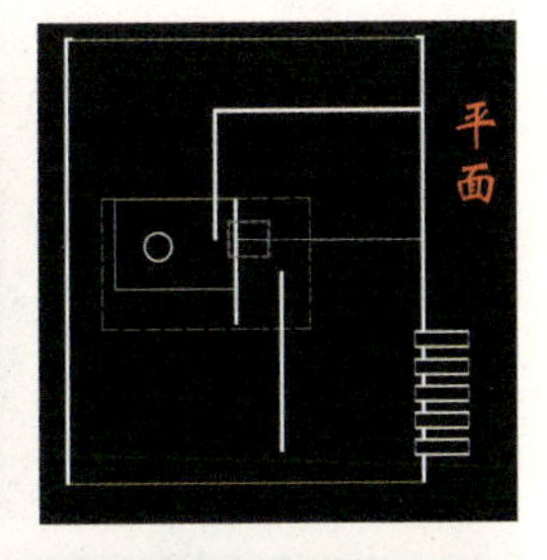

模拟日光条件（一）

模拟日光条件（二）

夜光条件局部

灯光条件

室内灯光设计

指导老师：常志刚

学　　生：王　超　杨　洁　李西欧　郭明海　张　溱

□ 中央美术学院建筑学院学生作业 “光与空间设计”课程

来自海洋

指导老师：常志刚
学　　生：赵明思

这个作品的灵感来自海洋，在海底穿行的发光生物如同被释放的无数自由的灵魂奔向新生。

以最纯粹的手法表达最有冲击力的意象。在同样的空间构成中利用不同的配光方案传达出不同的情绪，通过光的变化影响空间带给人们的感受。对我而言变换才是这个作品的真正主题。

海底世界

指导老师：常志刚
学　　生：闫海鹏

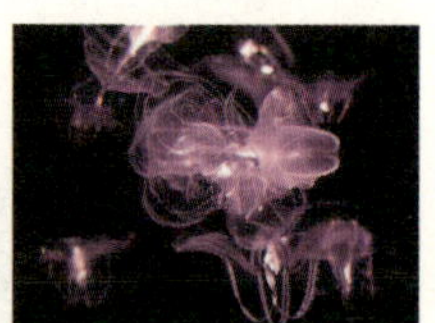

本设计是为将想像中的科幻场景与海底生物那种丰富迷离的光线色彩相结合从而产生的一种特殊的光与空间的效果而作的。

在设计中运用几种不同颜色的半透明材质来改变外界光透进来的方式来实现上述效果的。

小人鱼的梦

指导老师： 常志刚
学　　生： 王　伟

美丽的海底世界，有一群快乐的小人鱼。他们身披着五颜六色的鳞甲，一天其中的一条美人鱼救了一个王子，她跟王子回到了王宫，并希望能嫁给王子，然而王子最终娶了邻国的公主。小人鱼最终伤心地离开。和她的朋友们一起游向远方，去开创属于她自己的未来。整个设计围绕故事的主线展开，通过光与颜色的搭配去表达故事的情节。

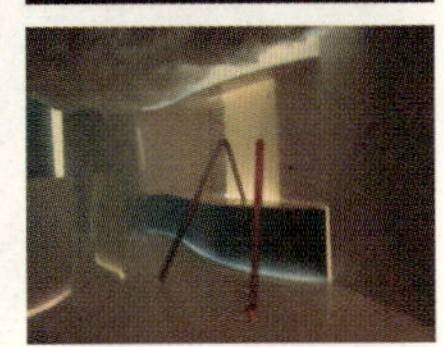

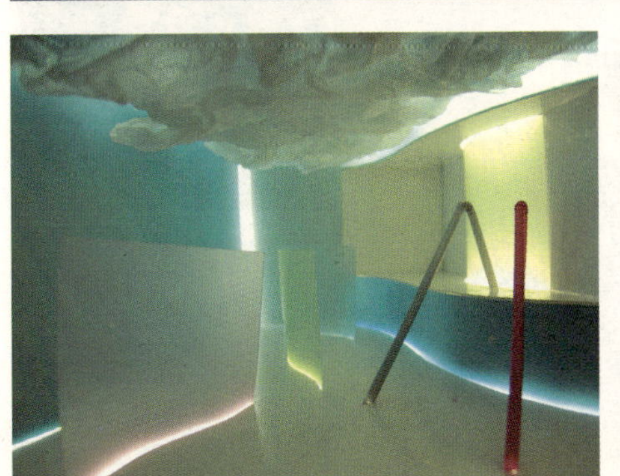

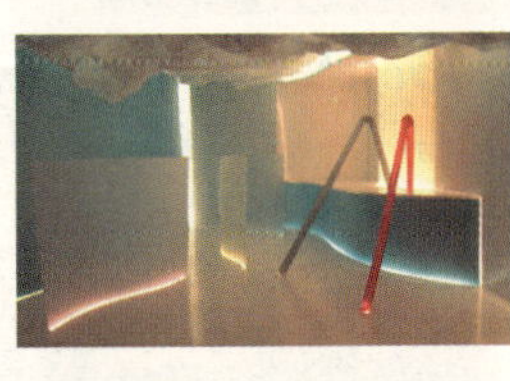

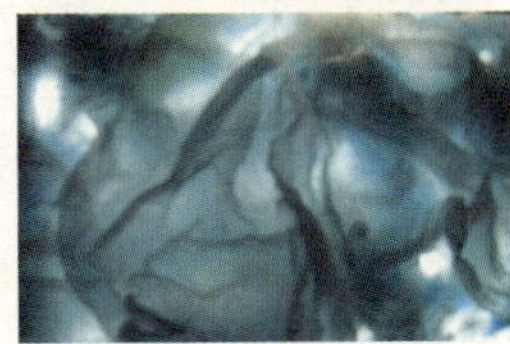

极光

指导老师：常志刚
学　　生：乔　瑞

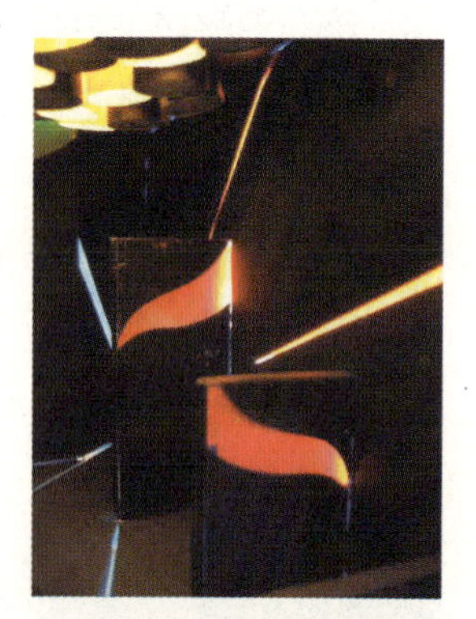

极光，在地球南北两极附近地区的高空，夜间常出现灿烂美丽的光辉。极光有发光的帷幕状、弧状、带状和射线状等多种形状。它轻盈地飘荡同时忽暗忽明，发出红的、蓝的、绿的、紫的光芒。

提炼极光中的射线状和折叠状，把极光的特点放到一个小空间中，模仿极光给黑夜所带来的影响——生动。以射线状的动感和折叠状的空间感，搭配红、黄、蓝、绿颜色，做出室内空间中的极光现象。

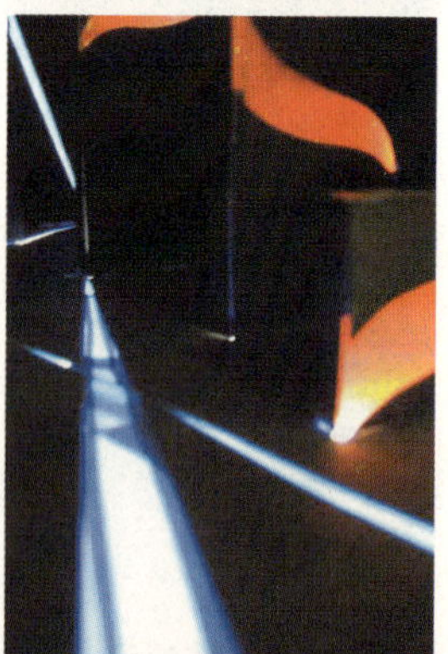

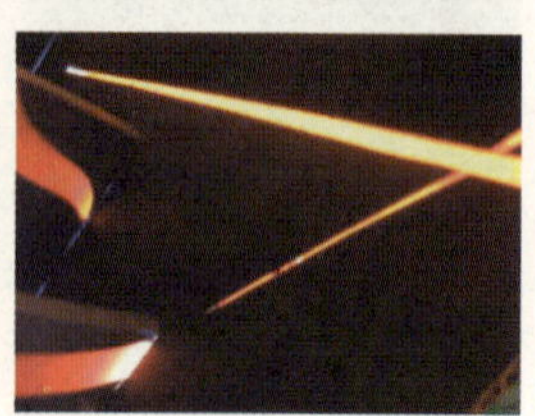

勇敢的光

指导老师： 常志刚
学　　生： 张　爽

战斗，你可能会死；逃跑，你也许能多活上一阵，然后许多年以后躺在床上死掉。你们是否愿意做这样的选择？以后所有的日子，从今天到那一时刻，都为了一次机会，只要这一次机会，回到这里，告诉我们的敌人：他们可以拿走我们的生命，但他们永远不能拿走我们的自由！（影片《勇敢的心》中的台词）

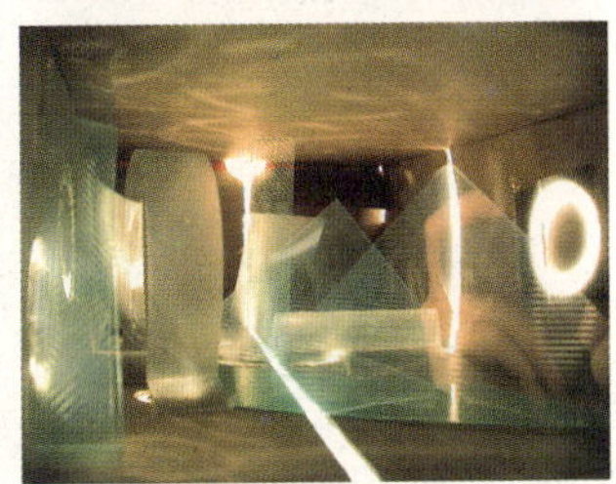

烟火

指导老师：常志刚
学　　生：吴　锡

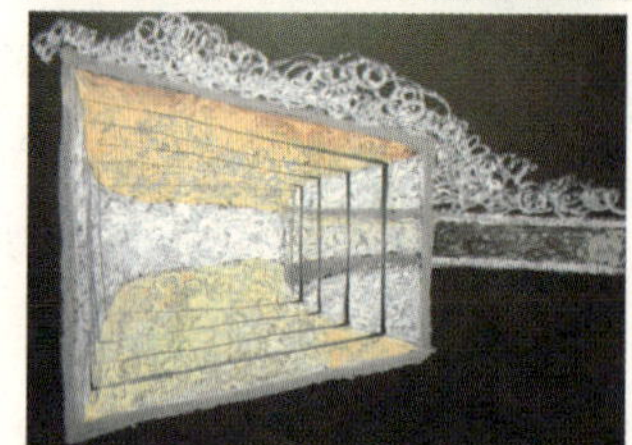

烟花，它的五颜六色是一些金属离子魅力的展示，导演岩井俊二的处女作《烟花》讲述了一个成长的焰火的故事，孩子们为了烟花是圆的还是扁的这个大人不会问道的话题而追寻自己的答案。

烟花到底是圆的还是扁的，看来很重要，可是又不重要。影片结束在湛蓝夜空中绽放出紫红色的焰火，并祝福孩子们在纷乱的世界中跟随自己内心的声音，去寻找自己的视角，自己的答案，终将看见为你而绽放的那一束烟花。烟花总是稍纵即逝的。

1.黑卡纸素描

这样的两幅作品是在做模型之前随意画的，为了表现烟花内在传达给我的信息，在烟花绽放的时候产生十分耀眼的光芒，和外部空间形成了一定的关系，然而当其燃尽，剩下的只是一堆黑色的粉末。烟花留给我们的是欣喜的感觉，第二幅画表达了在烟花绽放后其内部成为了外部，很有意思。

2.光箱模型 试验模型

做了一个小实验，通过将方盒子变形来形成一定的空间，并且这个空间通过变化可以使其内部的光线发生一定的变化。表现了烟花绽放的过程，从光线的亮到暗表现了烟花从绽放到慢慢消失的过程，同时有的烟花时有几个反复交叠的过程，所以在有的部分烟花绽放的时候，另一部分却在消失。于是在盒子的变形上做些变化，使烟花点燃后燃烧释放出大量的光和热，发生剧烈的化学反应后骤然间其体积膨胀一千多倍，并突然炸开，构成了多样的形状，千姿百态，绚烂多彩。于是抓住这些点做了这样的一个光箱模型。通过不同的开口，运用了直接的照明和间接的照明，产生不同的效果从而表现烟花绽放时的多种方式和颜色变化。

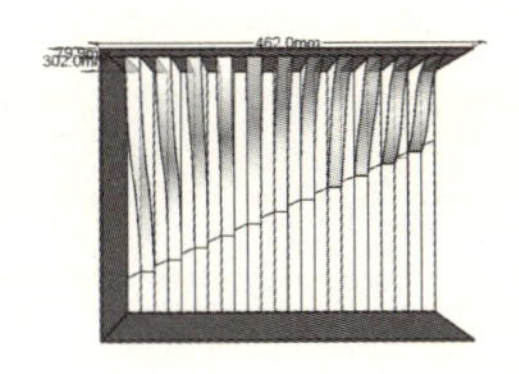

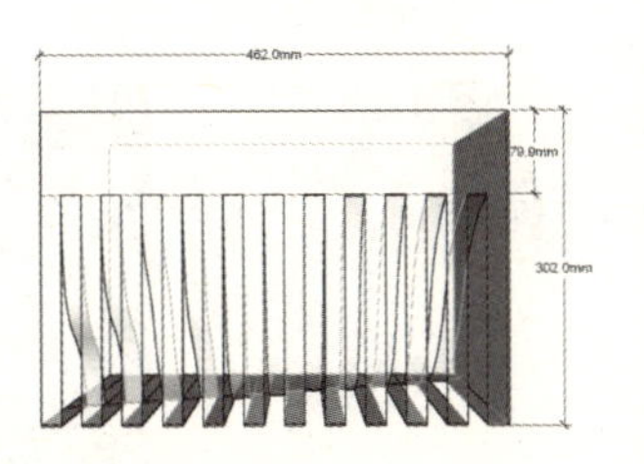

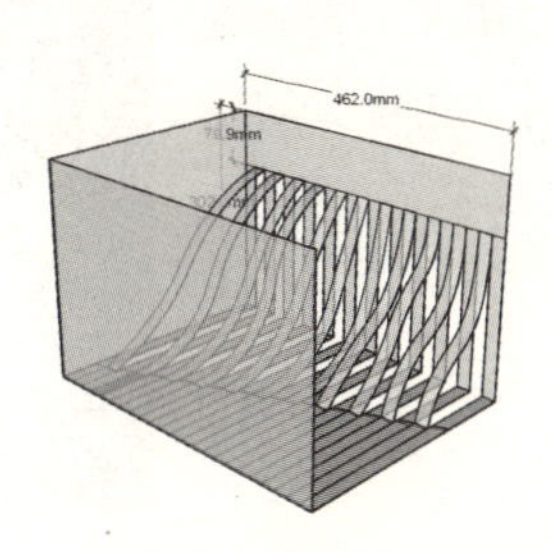

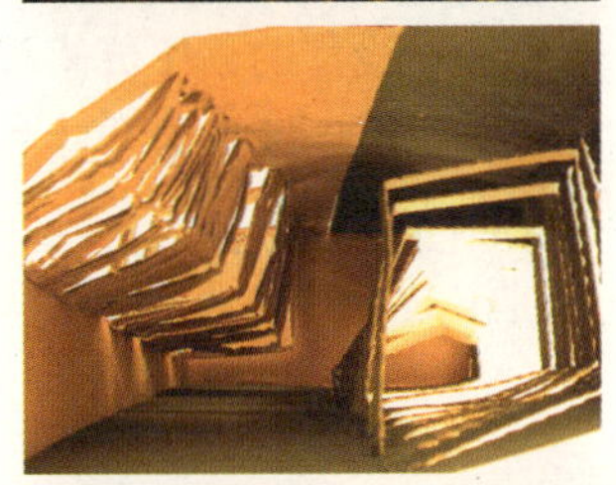
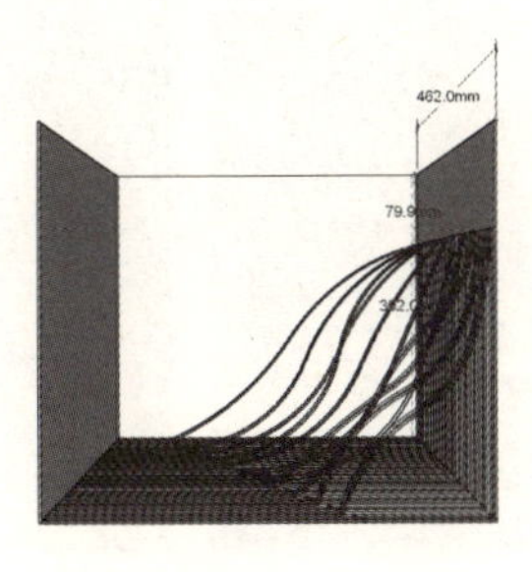

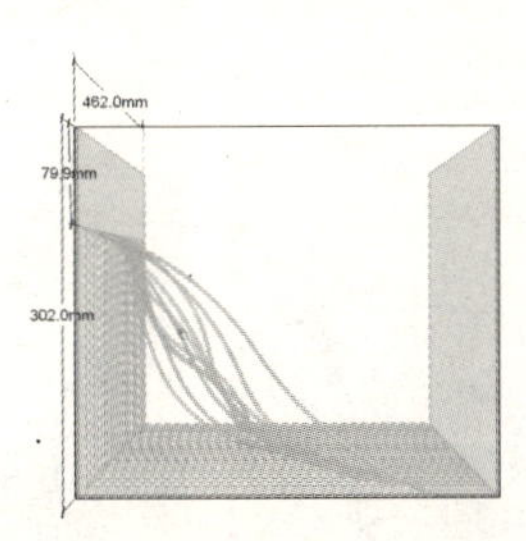

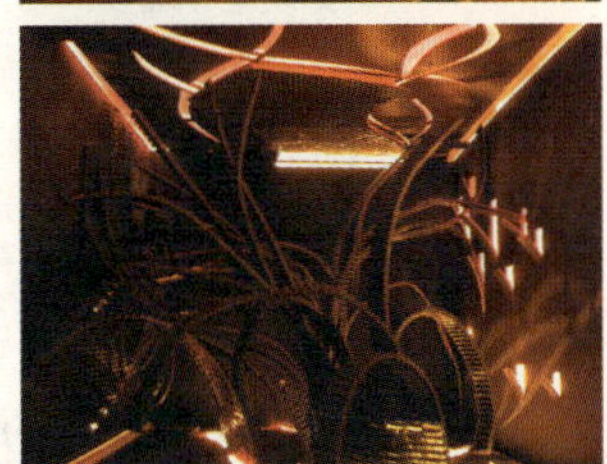

指导老师：常志刚

学　　生：杨　洁

光　希望　救赎　自由

阳光在乌云后面，

用尽全力散出四射的光芒。

湖面上波光涟漪，

想风雨后的勇士。

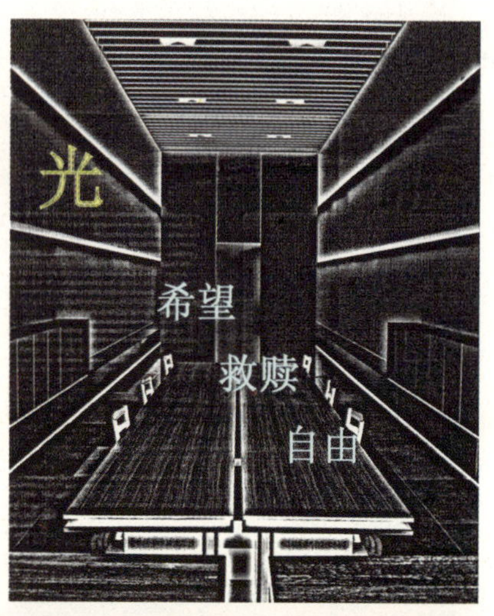

这个设计的创作灵感起源于版中左上角的这幅图片，再由这幅图片联想到影片《肖申克的救赎》。让我感到光代表着一种希望，一种救赎，一种自由……

SOFT GREEN

指导老师：常志刚
学　　生：沈佳记

此灯箱设计思路，出发自对于绿色塑料材质在灯光下的感受，衬景的布置也是用来配合这种如水似玉的感觉，背景的渐变增加了空间的层次和深度，半圆形的过渡空间削弱了渐变的硬度，对于灯箱的探讨阶段，发现其外形也很有表现力。对于灯箱内部设计的探讨，后期选定更纯净的表现材质，最后的设计加入了紫色的滤光作以协调。

第7章
光的原动力

2006年由中央美术学院和北京市建筑设计研究院主办，中央美术学院建筑学院和《建筑创作》杂志社承办，以光为主题举办了全国学生范围的第三届边缘空间设计竞赛——光艺术·景观装置设计大赛。

本次竞赛的目的是开拓设计思路，引导学生从视觉出发，超越设计门类的界限，以光为原动力生成形式的创意。

竞赛主题阐释

没有光就不能形成视觉。月有圆缺，变化的是“光”，而非月球本身。从科学的角度，我们看到的是物体的光，而非物体自身；从哲学的角度，光是我们视觉所能感知的惟一现象，而现象即本质。任何视觉艺术，无论建筑、室内和景观，更不用说雕塑等公共艺术，说到底都是光的艺术。

建筑大师路易斯·康说：“设计空间就是设计光亮”。造型与空间是“光”的载体，是设计和创作的结果而非目的。让我们回归本源——我们的眼睛——视觉，以“光”作为设计和创作的起点和目标，用“光”来生成造型和空间——光是形式的动力，光是形式存在的始作俑者。

参赛作品内容要求

1）参赛设计方案的设计立意和主题可由参赛人自由发挥，作品内容：室内室外外境均可。可以是景观小品、雕塑、装置等，也可以是灯具等作品。

2）参赛作品必须兼顾白天和夜晚的视觉效果。

下面是本书收录的部分参赛作品。

记忆的沙漏

学　　生：封　帅　李景明　张　磊
院　　系：中央美术学院建筑学院03级

长久以来，这棵树是繁茂而葱郁的，树冠水平的舒展开，阳光从其间洒下来，在地面上游动闪烁。由此树下成为了公共场所，在重要的节日里，又是公众的集散地。

然而随着树的老去，这个空间氛围也不复存在了，光秃秃的枝干无法遮挡阳光，更衬出凋零之感。

树祠最重要的是要通过对阳光的过滤，恢复该地区的原有气氛。立体的构想来自于斗栱，这种结构无论是从形态还是意象上都与树木极为接近。但是在传统上，斗拱作为结构构件，并没有通透的效果。

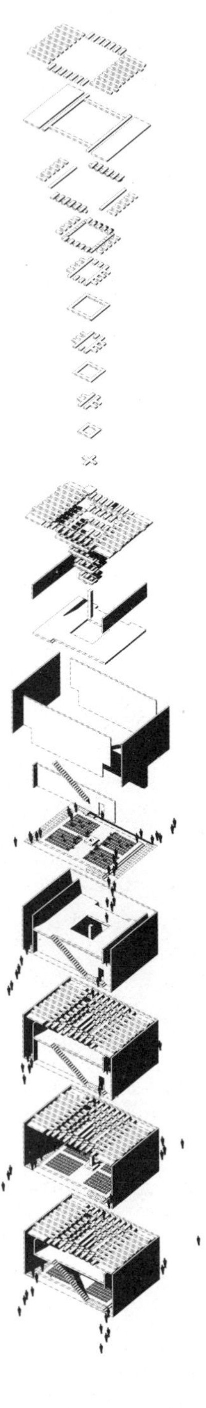

Structure View

布依族人是爱树的，每当他们仰望参天大树，总相信神灵必寄宿其中，由此，它才得以穿越千年。

每一个布依族村寨都有几位自己的守寨树灵，它们影响着村寨的兴亡、一年的收成，携带着祖先的希冀。有一天，村寨中最古老的一棵树突然枯死了，这棵树可算村寨的先祖，先民们由着这棵树而决定落户于此，因此它成了整个村寨的中心。

村民们决定在原地盖一座树祠以表达对神灵的尊敬，他们希望能够在其中找回过去与大树依依相伴的记忆。

捕蚊灯

学　　生：胡　哲
院　　系：华中科技大学艺术设计系

学校的背面有一块自然的面貌保留完好的土地。在长期城市建设过程中，挖沙取土造成了许多低洼的地方，地表水的蓄积使得原来平坦的地貌变成了由水网、岛屿、滩涂、驳岸组成的湿地环境。

学校的发展、扩建对这块土地提出了新的要求，希望这里变成学生课余生活的场所。

在这里，生长着一种被大家传做“城建虫”的不名飞行物。黄昏的时候我们会来这水边散步，常常会成为他们的猎物，如被叮咬必会肿胀、溃烂，剧痛难当。

东湖边的渔民常用围网的办法捕鱼，在水面上渔网和竹竿构成的线条宛如一幅画。

网箱养鱼的办法很有意思，渔民在水面上安装发光的捕蚊装置，通电的钢丝可以发出不同颜色的光，这成了水面上蚊虫向往的地方，于是看到了烟火般的闪光，也为鱼儿提供了食物。

在学校的池塘里也需要这样的一个捕蚊的灯光装置。

光影无休——24小时的都市树荫

学　　生：陈鑫生　袁　野　李源学　张贤春

学校院系：上海交通大学船舶海洋与建筑工程学院建筑学系

主题阐释

光形成视觉，光塑造空间，光决定感知。光的奇妙在于用光引导人的感受。然而，光不可触碰，光的存在是因为影。光通过一个介质的影对另一个介质发生作用的时候，介质之间即会发生联系，产生感知之外的奇妙现象。

树作为介质因为光线的作用在地面形成树荫，树荫随着光线的变化，材质的不同而呈现不同的意向。这一整体过程完成了人对自然的认知。

项目背景

随着都市人对自然的愈发热爱以及对夜生活的日益追求，一个声音也越来越清晰：“夜色中的大自然在哪儿？”白天的蓝天白云、山水树木，在夜色降临之后，被深沉的夜幕所遮盖，全部隐藏其中。夜晚的大自然世界一直戴着神秘的面纱，深切的诱发了人们的好奇心。

生活中，人们对树荫的眷恋感情依然是永恒不变的。观察日常生活中的公车站，随处可见却又不尽合理。由此，我们提出了这个设计项目的主题：《24小时的树荫》。意图用自然、有机的建筑理念拓展公车站的意义，进而紧扣光的主题，用光的手法形成人们对公车站的认同感。公车站将作为“24小时的都市树荫”出现！

我们想要营造一种感觉，一种不分白昼黑夜，都能产生树影斑驳的效果。因此，整个公交站台的外观酷似多棵树木，由多个预制组件组合而成。我们抽象树的形象，用建筑的手法，钢和玻璃作为材料，配合格栅，组合成不规

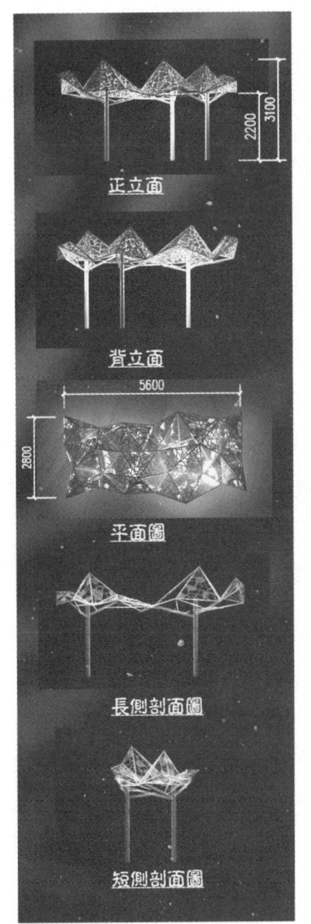

则几何面，拼接成站台的若干层顶，象征层叠的树冠。格栅组成的面作为自然的树叶，在阳光灿烂的日子里会在地面形成大小不一、形状各异的光斑，给候车的人们造成一种站在树荫下的感觉。而在阴天，雨天，夜晚等没有太阳的时间里，仍然要使候车的人有站在树荫下的感觉。

那么如何达到这种效果呢？地面作为形成树荫介质。运用人工光源和反光材质在地面光斑产生的相应位置作出夜晚发光或反射光的效果；经过这样的处理，我们可以看到这样的效果：一，在晴天，自然光的投影；二，在阴雨天，地面铺地的差异使反光位置分外明亮，给人以在树荫下的错觉；三，在夜晚，地下光源开启、月光的作用，地面的某些部位发出白色的光，而隐藏在层叠的顶棚中的光源也会透过格栅投下缕缕柔和的光线，由此便营造出了夜晚的树荫。

最后，我们提出工业化生产的设想——我们此次设计的小型公交站台以三棵“树”组成，我们以一棵“树”为单位，在工厂预制，可运用于不同大小的公交站台（只要相应增加“树木”个数即可）。更进一步的，24小时树荫的效果也能运用于大空间中，如公共建筑的中庭，机场等。

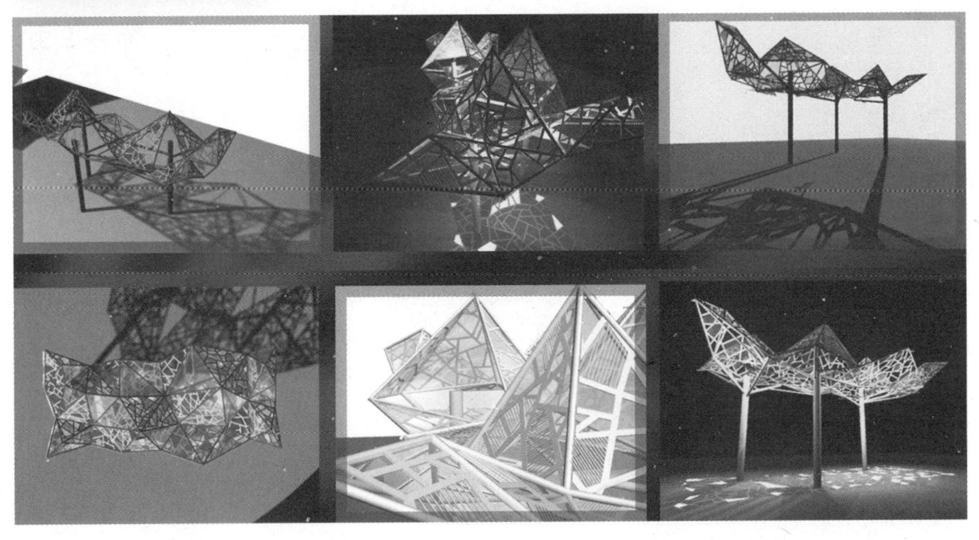

都市眼

学　　生：李国进
院　　系：中央美术学院建筑学院02级

都市生活

大千世界繁华精彩，我们的眼睛沉溺其中。都市生活的特有节奏，以及都市人生活的周期性在不断改变，使得眼睛常常在白天紧闭；而晚上却处于清醒的状态之中。这样的都市人往往处于极富活力的年龄，他反映了这一代人的生活状态和年轻思维的变化。

本设计是取用了眼睛这个与光线联系非常紧密的人体器官作为创作元素，并将眼睛在不同形体状态下的形式进行提炼，作品中自由的运动关系就试图与城市的复杂性、多样性进行对话。

混沌与清醒

本装置利用人眼睛在白天与晚上不同的光线条件下所表现的形式特性，来记录某

些都市人的生存状态。作品的形式就如同一群不同背景、不同文化、不同年龄的人的眼睛处于这种都市生活的洪流中。作品试图借助雕塑感的形式，来传达所反映主题的力量性和协调性，灯光技术可以使这个雕塑展现出生命的活力。这个作品在不同的时间和光环境下，又能表达两个方面的意义：白天的混沌和夜晚的清醒。

技术手段：此作品通过传统的灯光设备就可以达到作品所需要的表现要求。实际上，这也是给予灯光设备自由发挥的空间。这正是设计者参加这次竞赛所希望达到的目的：艺术与灯光的融合。

艺术与灯光的融合

作品为传统的灯光设备提供了一个自由发挥的空间。这正是设计者参加这次竞赛所希望达到的目的：展现光本身的语言，进一步探索眼睛这一光的重要载体对于亮与暗、黑与白、形与色的不同变化的心理感受。

光的语言

此实物给人的感受会是，白天是眼睛看着观众，晚上将是观众看着眼睛。实物作品将尝试用软质的材料来传递作品中所需要的趋势和动感，灯光将可以自由的游离于作品的缝隙间，以形成另一种趋势和动感。光通过形体的变化传达了事物要表达的语言，眼睛的不同形态将使时间、光和运动凝固起来。

春芽 SPRING

学　　生：李　骜

院　　系：中央美术学院建筑学院03级

春芽SPRING是以初春破土而出的“芽”为题设计的一件灯具。主要表达了自然界中旺盛的生命力，再一次告诉人们“一颗普通种子的力量”可以点燃大地之光。

主要材料：普通电线（可回收废旧电线），暖色节能灯。

芽灯外层使用普通的铜芯电线制作，可任意变换外部造型。内部光源也采用最普通的环保节能灯泡。设计之初，也是希望以最普通廉价的材料设计制作一件环保灯具。实现废旧材料（铜芯电线）的再利用。

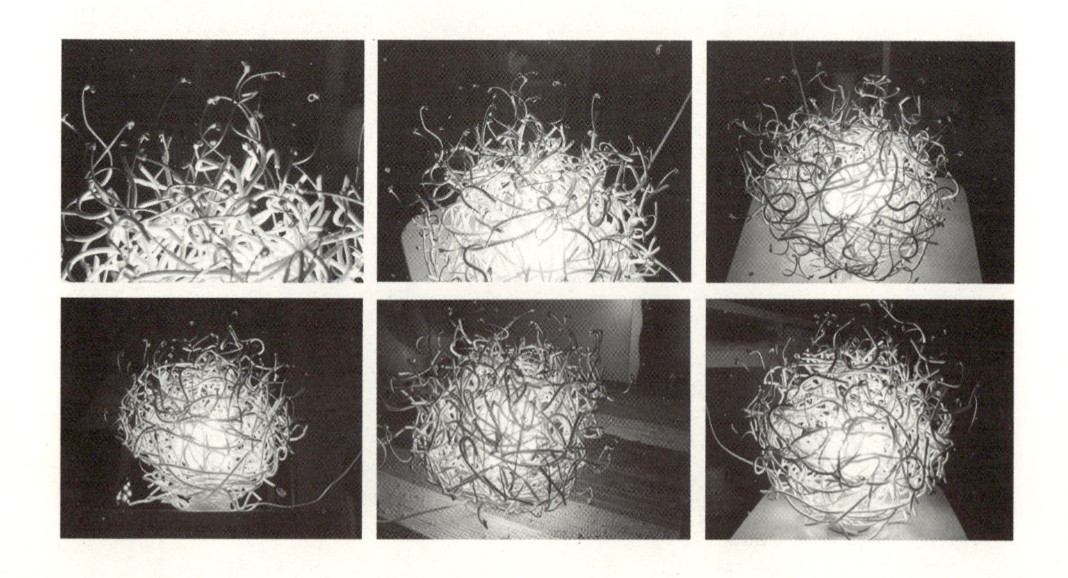

无间时计

学　　生：雷大海　薛春艳
院　　系：中央美术学院建筑学院
　　　　　沈阳师范大学

光与时间均为宇宙的基本常量。

在科学与技术的层面，光与时间都需要也可以被精密地界定。

从沙漏到原子钟、从目测到仪器，这种对光与时间加以精密衡量的追求自古以来从未停止。但在每个人的精神层面上，这种精密似乎从未真正存在过……

无论钟表的走时多么的准确，每个人的时间观念却从未统一，无论光线的控制多么的微妙，每个人心中的感受却依然不同。

能不能用某种精密的技术方式，来表达时间在精神上的某种不确定性？

能不能通过技术的手段，在精确与荒谬之间构建一种新的关系？

这将是我们的光装置将要表达的中心命题……

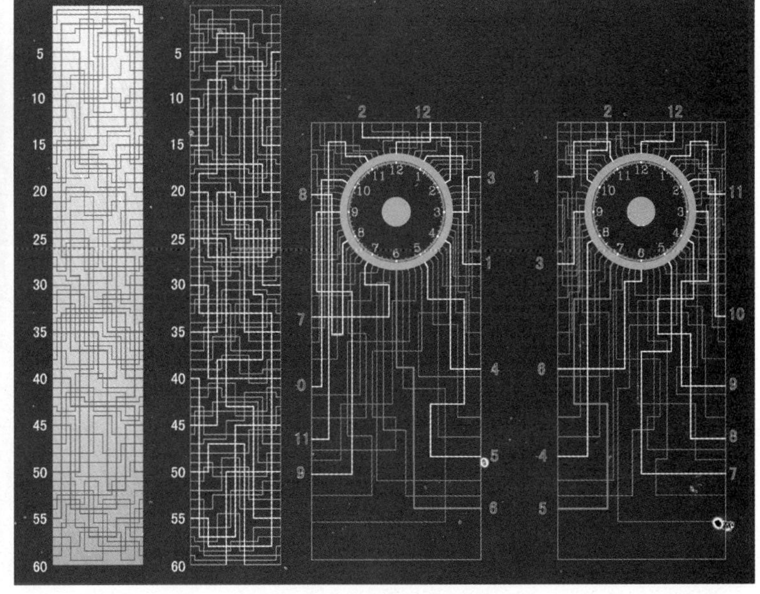

在一块面板的两边各有一个表盘，正面表盘周围有可以发光的六十个秒刻度，这些发光的刻度严格按照秒的间隔依次发光。这些发光刻度的闪动起着秒针的作用。

表盘的后部带有一个转子，转子表面布满光路，转子上的光路与表盘周围的发光秒针一一对应，它将发光秒针发出的每一束光线向后传递到面板，而面板上也同样有着相对应的六十根传导光路，它们将光线继续进行着传送接力。

正面表盘上每一秒的闪动被接力传导到面板背面，在背面有一个同样的表盘，但没有时针和分针，这个表盘四周也分布着六十个刻度。经过转子、面板的传递，正面表盘和背面表盘的刻度在每秒被同步点亮。

转子的作用是使得光线的传递更为随机，而面板则不仅使光线得以转换，同时也界定了两种显示的角度。

同时点亮的正反两面表盘刻度对于站在两边观看的人有着不同的意义。

在正面，清晰的秒针刻度闪动和时针分针一起标示出准确的普遍意义上的时间观念；

而在其反面，随机且无序闪烁的“秒针刻度”则使人感受到时间的散漫与难以把握。

在这里，我们甚至会忘记了时间本身，而将光的闪烁理解成某种心情的舞动，我们甚至也会忽略一个明显的事实：其实背面的闪烁本身依然能够标示出每一秒的时间，因为它与正面是同步的。

这样的一种以精密的机械装置与光路传递造成的“非精密”状态或许可以表达这样的一种思考：技术的本质也许并非技术本身，而一座让人忘记了时间的时计或许能够让我们有所启迪。

一座“无间时计”。

水缘

学　　生：汪　倩
院　　系：中央美术学院建筑学院02级

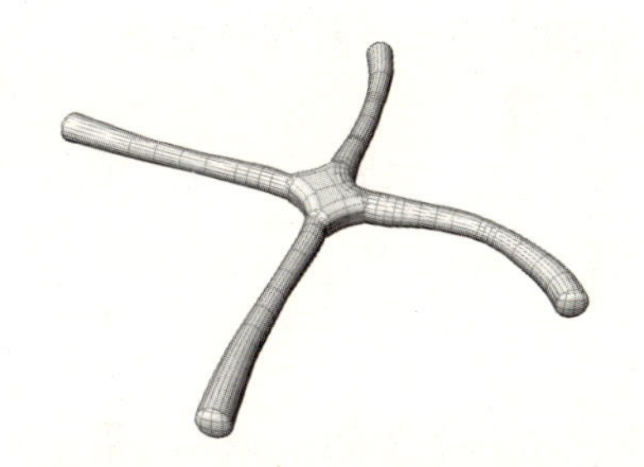

光与水在一起的时候会产生一种令人惊艳的感觉。这一点在众多的文学作品中不难发现，柔和、优美、迷幻。

边缘

其实光在水中也有自己的形式语言，在研究中,作者找到并提炼出光斑在水纹中所形成的一种边缘。同时演变成一种单位形态，在这里称它作“水缘”。

折射与反射

脱离了水体的“水缘”，不再通过折射与反射来传递它的美，而是直接地以发光体的形式出现，并直接运用光的语言表达水的美感。

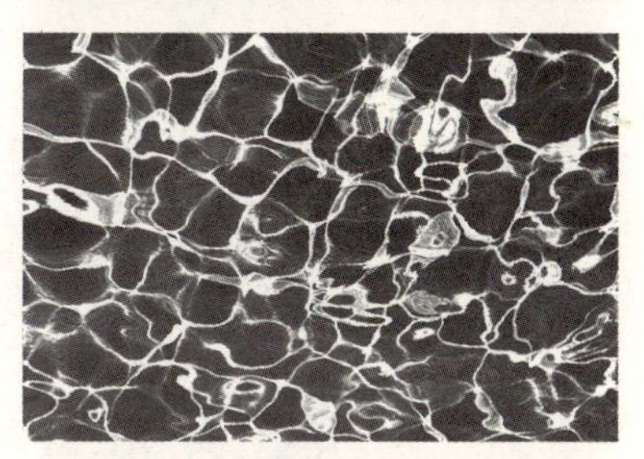

制作

“水缘”灯是采用最简单的日光灯管制作的，并配以近似水色的水纹状灯罩,作品将呈淡蓝色水体色彩。

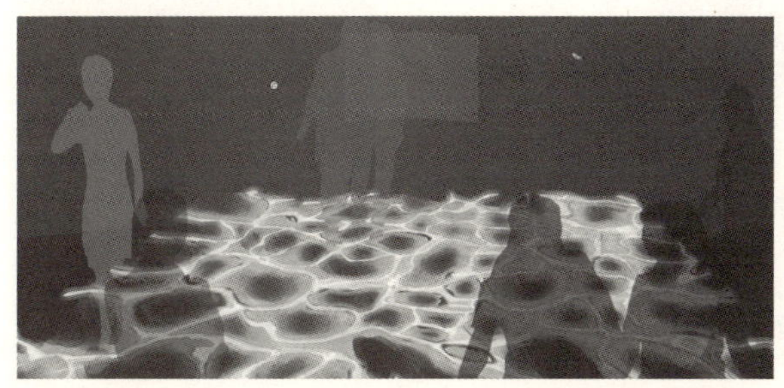

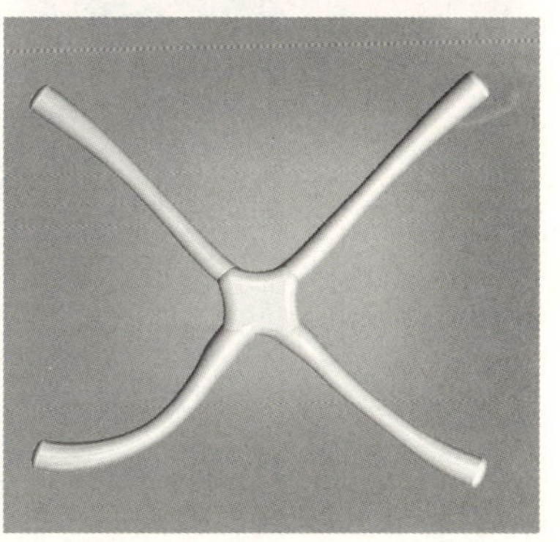

边缘阶梯——景观小品设计

学　　生：矫富磊
院　　系：中央美术学院建筑学院03级

在这个方案中，阶梯在横、纵、竖三项空间得到了充分的延展，中间的方形空间成为身下台阶的枢纽。或上或下，或内或外，大家都会在这里相会。上面的半层阶梯联系着其上的空间，下半层阶梯联系着其下的空间。如果以中间的方空间为起点，其上形成一个内向性的聚集趋势，其下则形成一个外向性的扩散趋势。反之则亦然。

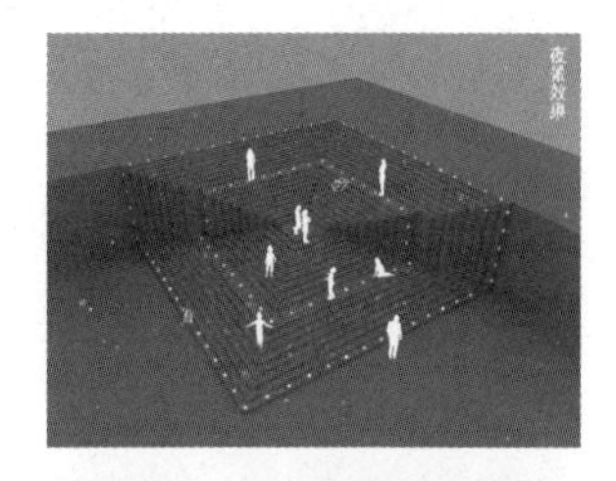

太阳东升西落，光线在这里也发生了奇妙的变化，在这六个三角面上，总是在演绎着阴晴圆缺的光影变化。正如周易中的阴阳互补一样。

晚上的灯光是沿着阶梯的边缘线设计的，让人感觉像是在一个平面上的六边形。随着视角的变化，六边形也发生形

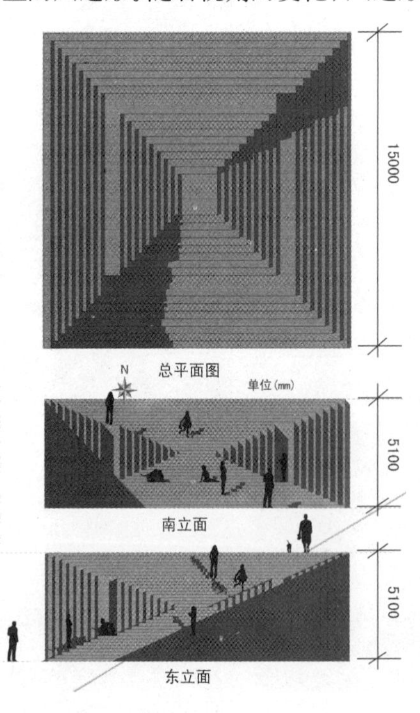

态上的变化。但事实上它的确是一个空间六边形……

根据这个基本的形体，我把水、木、植物、石等因素也融入到空间中，形成了一个人们更加愿意驻足的休闲娱乐场所。

没有绝对的正形与负形，虚实空间的互补等因素促成了更多空间的可能性。通过不同的组合形式造就了这样的矩阵空间——人们既可以在这里攀爬娱乐，也可以在下面的空间促膝谈心。

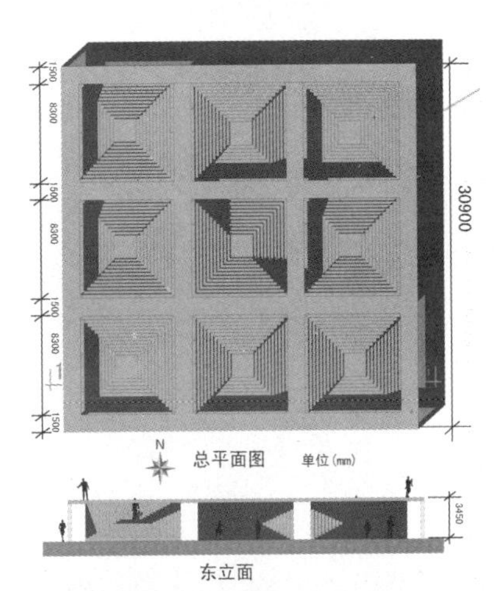

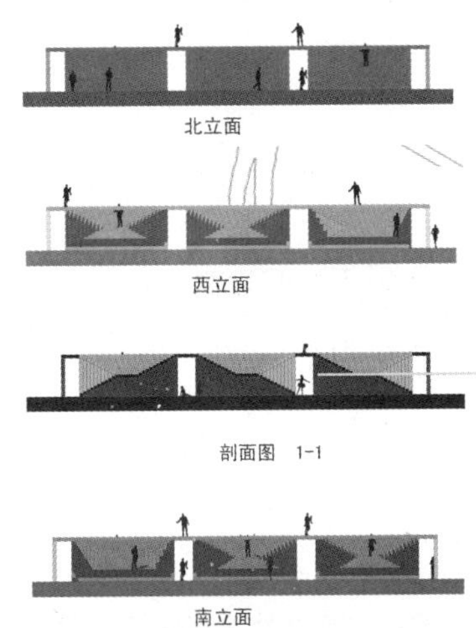

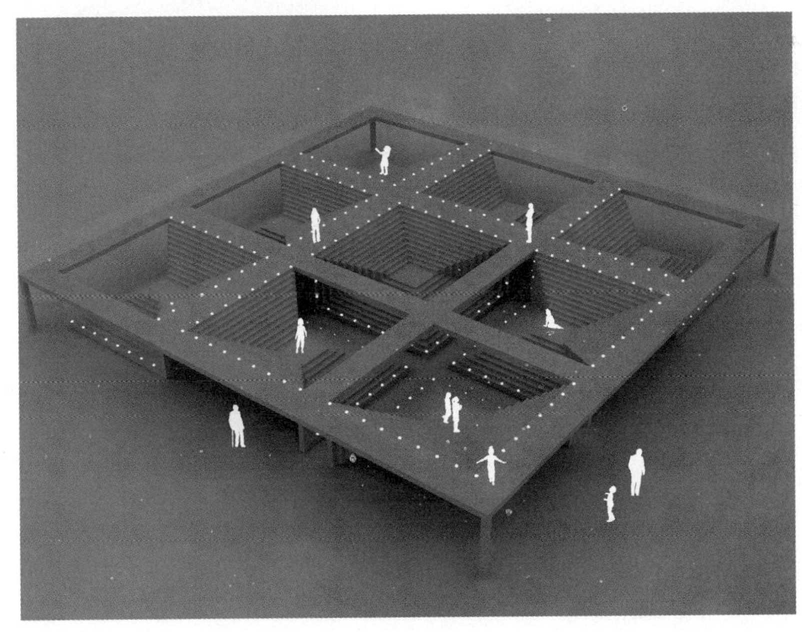

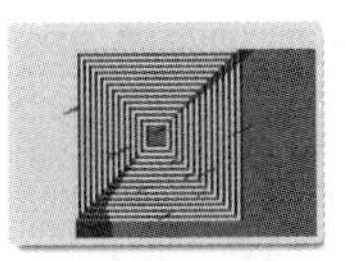

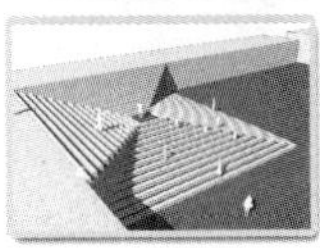

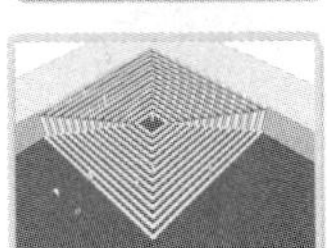

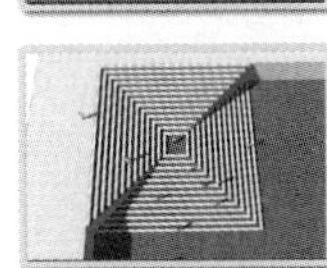

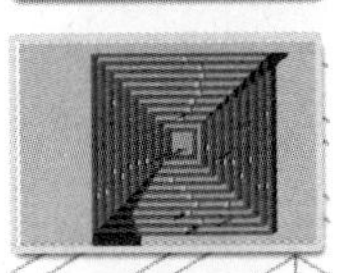

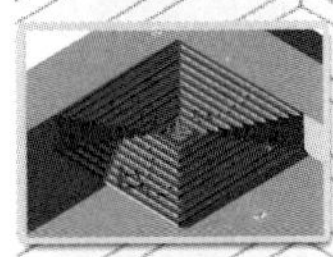

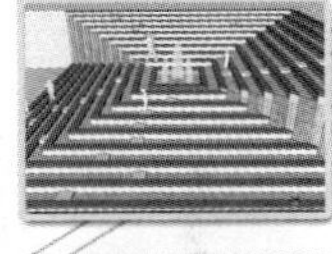

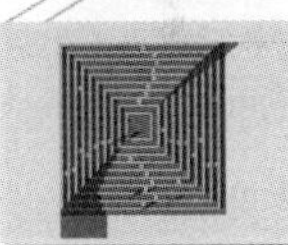

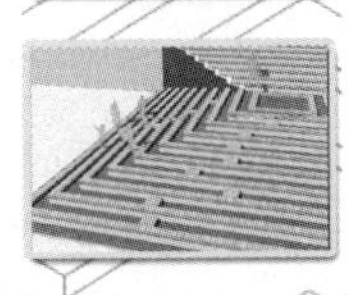

Hyper Cube

学　　生：哈　奇
院　　系：清华大学美术学院环境艺术系

我们的世界源于虚无的矩阵，而光是穿梭于矩阵当中的虚无遣来的使者，正像它的影子一样，世间的一切都是幻化出来的影像，而本质还是虚无，因此沉溺于影子制造的气氛其实是忽略光本身。

我和一部分人需要一个形而上学的空间去形象化虚无的无限，感受虚无所带来的寂寞和恐惧，在虚无面前自省与忏悔，将昼夜、情感、食欲、舒适、排泄暂时放置于外面的世界，或者作为一个卑微的可怜虫躲在时间的角落里去读《道德经》。

折射与反射是光的两大特性，Hyper Cube是钢结构支撑起来的着重表达内环境的装置性构筑物，空间密闭，除了钢制支撑结构，所有的内部材料均为钢化玻璃夹胶制做的镜子，不同的是位于外层的镜子为普通反射镜，而居于核心的六面体镜子是正向反射，反向透光的，人处在其中看不见自己的倒影，却能看见六个临近的外围六面体所形成的无限的反射，而反射会衰减，这就造成了空间无尽的错觉。空调送风，各种管线，均与钢结构结合在一起。外层材料与肌理可自由选择拼接。

整扇的转门要进入者需要花费一定的力气才能推开，推开后的夹角形成一个小空间，人从空间夹角进入，在经过两扇大门后才可进入中心六面体。每个六面体的棱均设有柱状光源，可通过遥控调节各自的开关与亮度，形成不同的效果。

建筑物还附有一个小平台，面向大门的方向没有设栏杆，使视线彻底无障碍，平面为一大一小两个重叠的十字架（其中一个为博塔埃维教堂所使用的十字架）。

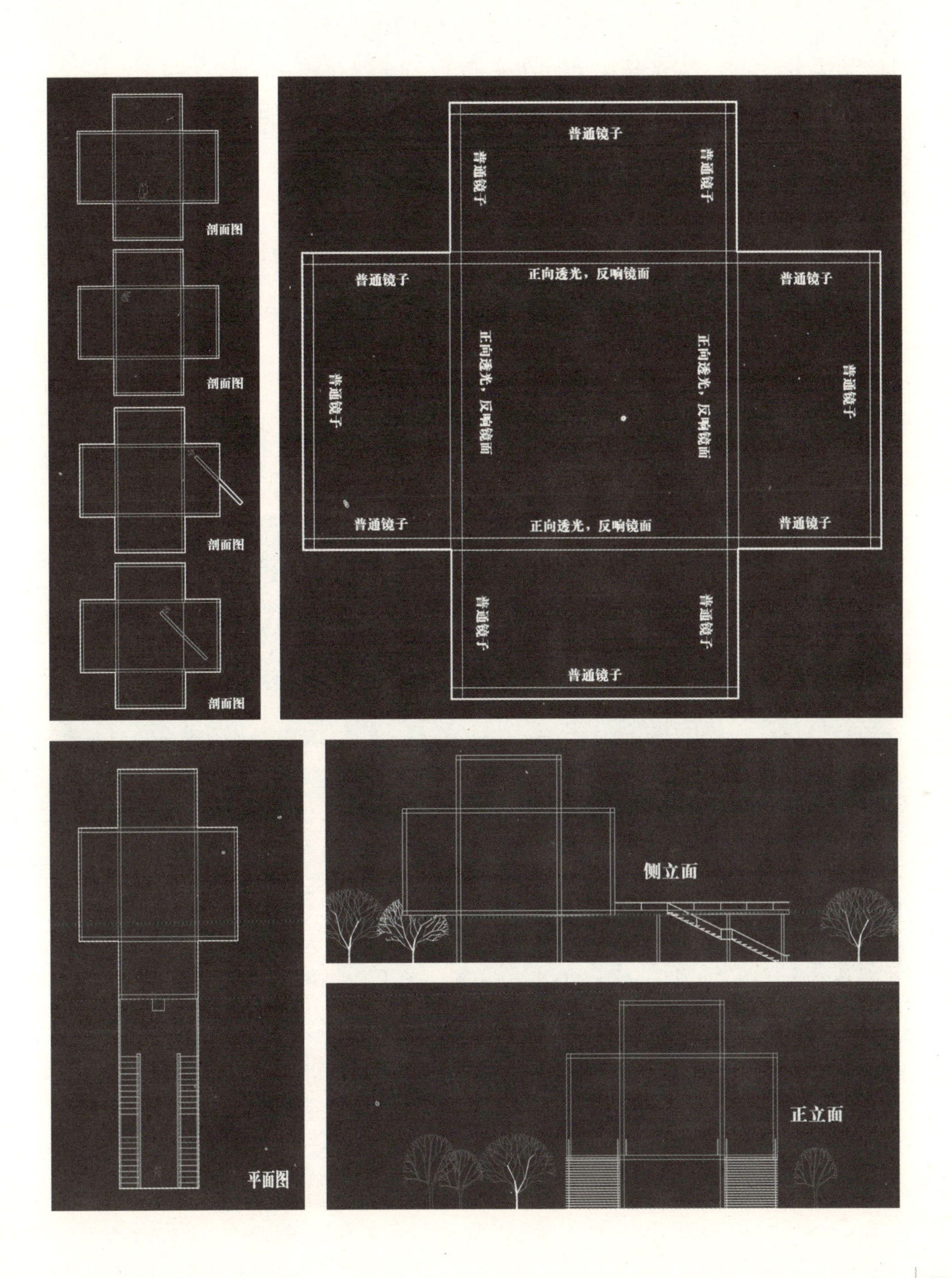
剖面图
剖面图
剖面图
剖面图
普通镜子
普通镜子
普通镜子
普通镜子
正向透光，反响镜面
普通镜子
普通镜子
正向透光，反响镜面
正向透光，反响镜面
普通镜子
普通镜子
普通镜子
正向透光，反响镜面
普通镜子
普通镜子
普通镜子
普通镜子
侧立面
正立面
平面图

光砖 lightbrick

学　　生：王　孜
院　　系：中央美术学院建筑学院

砖，是建筑中常见的结构组成部分和装饰构件，如果将它赋予发光的特性，无论在室内、室外，在老建筑还是新建筑，都将带来与众不同的视觉体验。而发光的砖本身，既是光源也能形成艺术品。

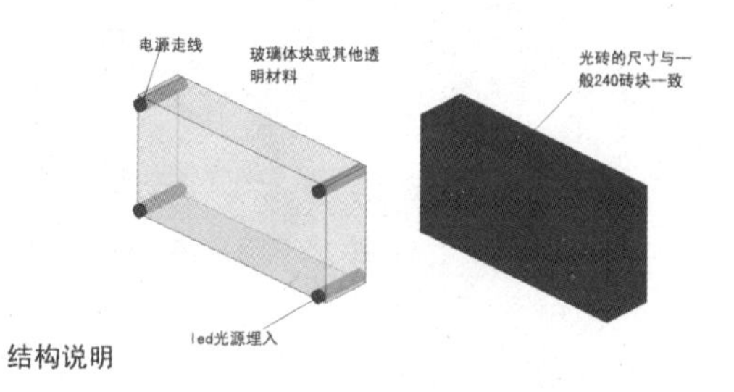

结构说明

室内应用效果

室外应用效果

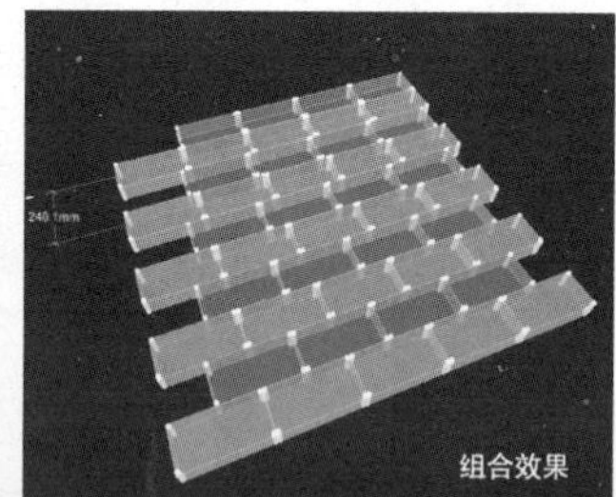

组合效果

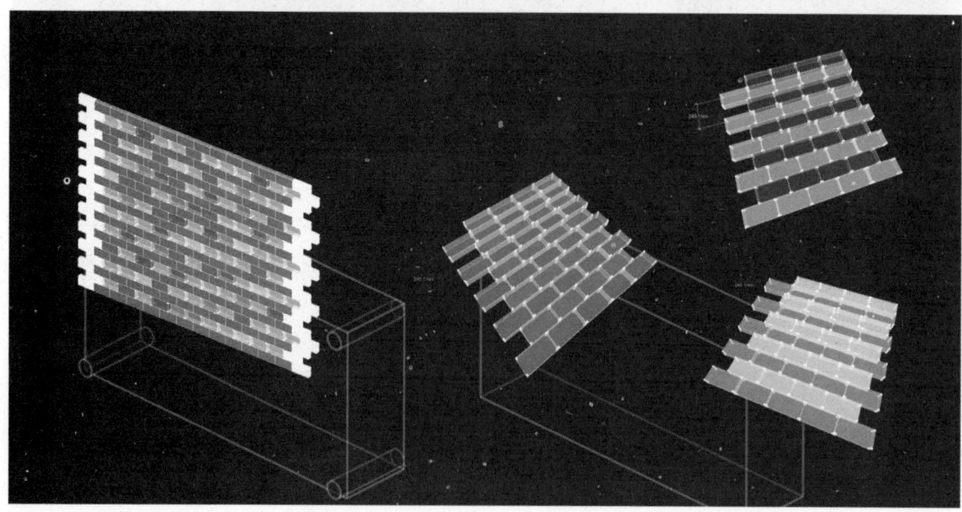

光筑

学　　生：曹子龙
院　　系：郑州轻工业学院易斯顿（国际）美术学院环境艺术系

光筑，起因于光（起因：人对光的特定需求），成形用光（成形：光是本建筑成为各种形式的必需“建材”），最终成为由光塑造的形体。

光的存在使得一些形体呈现出一种闭合或通透、幽暗或明亮的状态，而这种认知源于人对光亮存在的感受——视觉，于是人尝试控制光和改造光来满足自身的需求。本建筑强调：人需要各种光影效果来满足心理需要或行为习惯，进而根据当前的需求调节光亮，从而改变空间布局和形式造型。即：建筑因人存在，建筑的造型形式因光而改变。

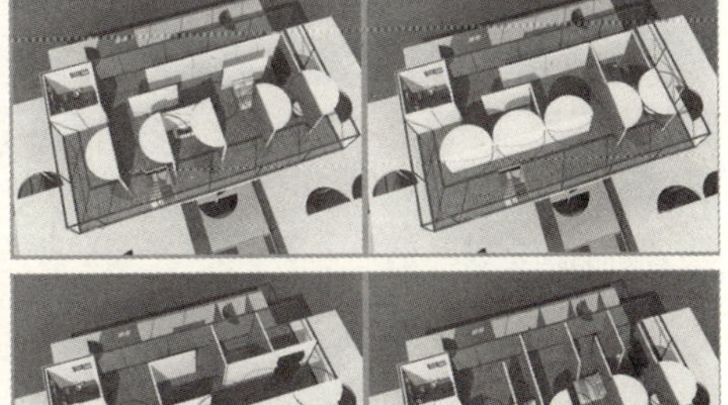

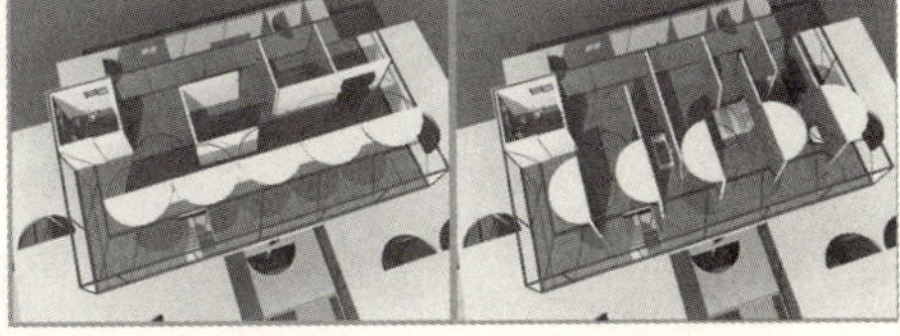

室内空间的四壁是由玻璃幕墙围合而成。它的内部空间由宽3m的隔板墙分割。因为3m宽的隔板有一个中轴，所以隔板可以向不同的方向旋转，于是和其他相邻的隔板相连或分离，从而获得了不同的空间形式。根据空间中对光线的需求而进行变化：如果需要幽暗或闭合，可以转动几块隔板朝向某个方向，达到户外光亮无法照进来的目的。如果需要明亮或通透，同样可以调节隔板。

例如：主人在心情不好的时候，需要宽敞明亮的环境，于是调节隔板，使房间成为通透空间。当家庭聚会时，调节成宽敞且与户外不通透的私密空间，形成可以享受到户外光亮的闭合小天地。需要柔和光线的午休时间，可将隔板调节成背光的空间。圆形天窗下所对应的隔板墙顶部安装半圆形遮板，可以任意调节天窗入射角度，隔板总有一面是亮的一面是暗的。半圆形的天窗下对应的是顶部没有半圆形遮板的隔板，半圆形的天窗可使隔板的两个面都能接受到户外天光，但调节入射角度，光亮强度可能不一样。

建筑外观遵循的原则：每个房屋四个方向都可接受户外光亮，都有天窗，形成一个透亮环境。结合可转动的调光隔板、墙以及有天窗的屋顶，将三者巧然天成的搭配是光决定形体的基础。

内部的家具紧连在隔板表面，且都可以折叠，紧靠墙壁（比如可放倒立起的壁橱床）。有管道的家具，如洗澡盆，它的主管道隐藏在轴的位置。不论什么家具，它们与

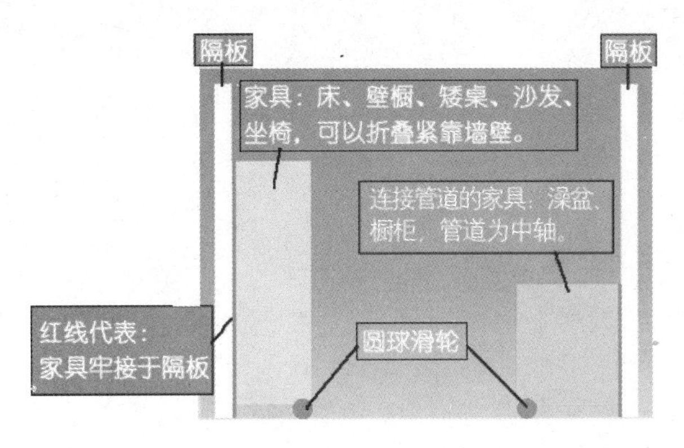

地面接触的支脚是圆球形滚轮，既方便转动，更是支撑家具重量的关键。

光筑，光在这里是我们可以支配的建筑原料：不恰当时间、不恰当地点出现的光，是创造新形式的因素，其成为创造形式的根源与构成形式的一部分，此时，光成为把不适当变成适当时间、适当地点出现的美好元素。

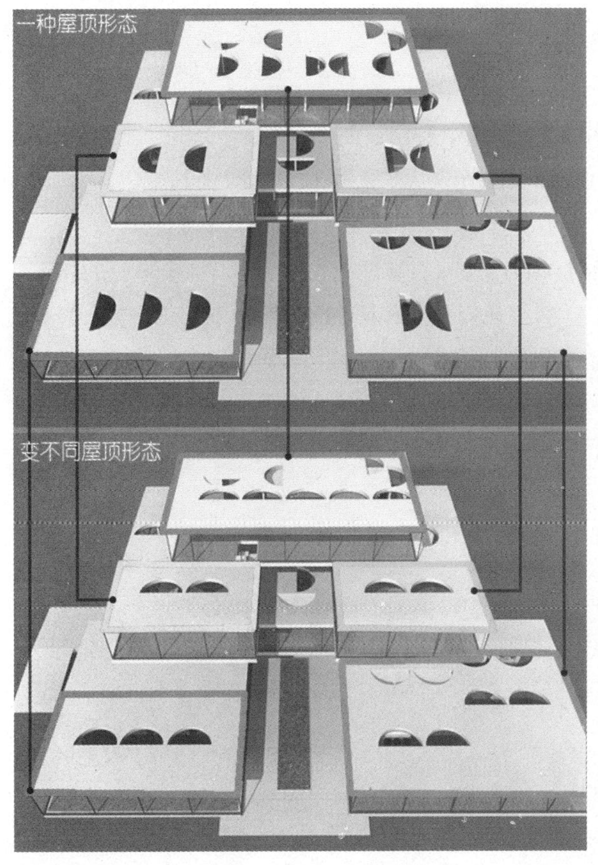

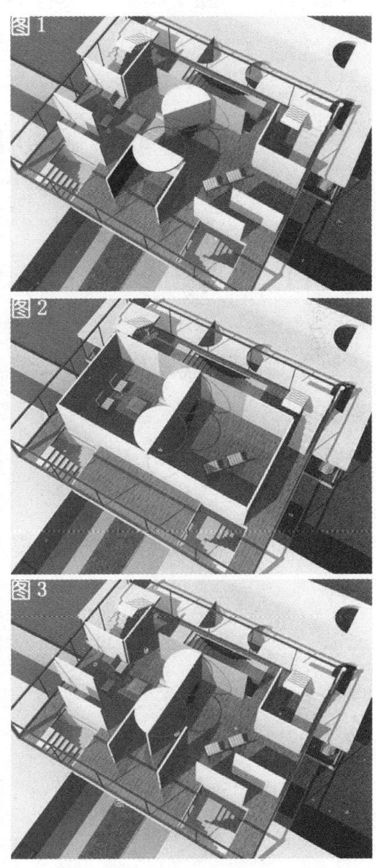

弃明投暗

学　　生：李　喆
院　　系：北方工业大学建筑系

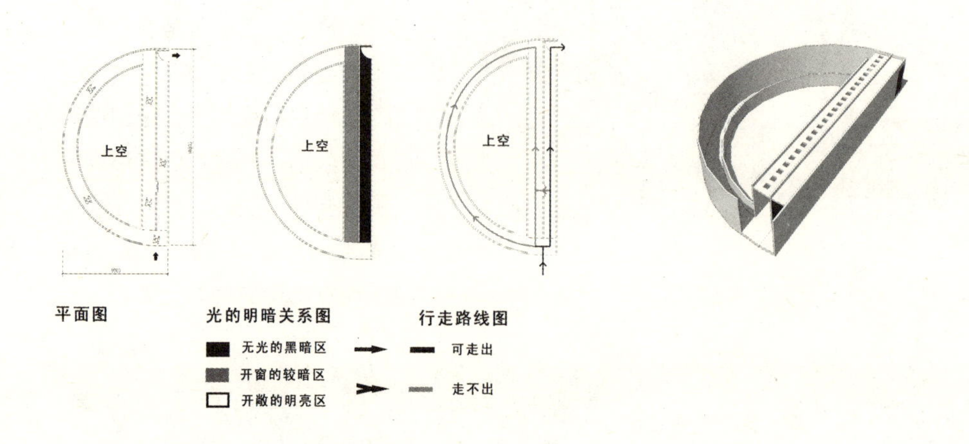

“一点纯阳隐于黑中，晦也明也，是谓黑中有白，阴里怀阳。”

光使人感受到周围世界的存在，渐渐的光在人们心中预示着自由与希望，由于人们过于相信光所呈现出来的信息，往往片面地认识了事物，偏离了真相。

本设计即以此为切入点，从光对人的行为的引导性出发，分别设计了敞亮的通道，开窗的通道，黑暗的通道三条线路，其中只有狭长黑暗的通道是可以走出去的，只有坚持在黑暗中一直走下去，才能获得真正的自由，如果人寻光从另外两条线路走是走不出去的。通过光对人的行为的引导，希望能够让人们明白事物的复杂性以及黑中有白，阴里怀阳的道理，对人们认知客观世界有所启发。

日间光源：日光。

夜间光源：灯光在模型外模拟自然光。

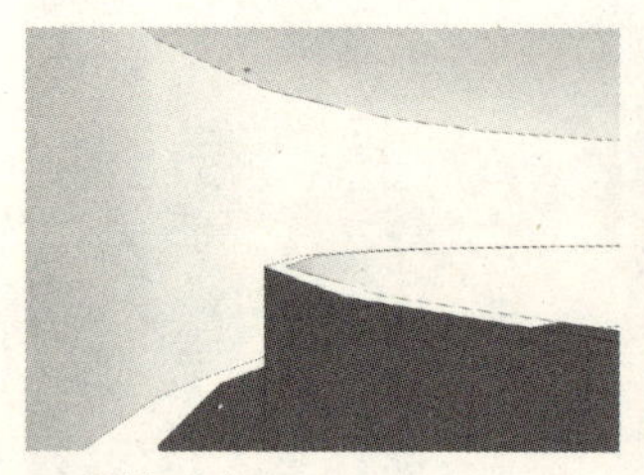
开敞的明亮区

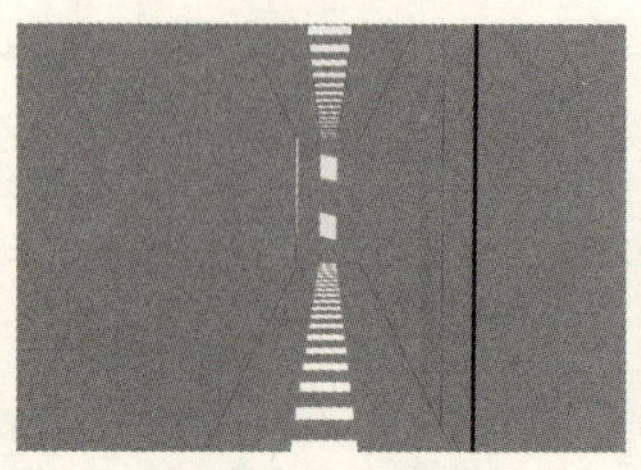
开窗的较暗区

无光的黑暗区

城市情感 Urban Emotion

城市情感

学　　生：曹　卿　周　策

院　　系：中央美术学院建筑学院山东工艺美术学院

喜庆　激情

安全　和平

忧郁　冷峻

警惕　危机

浪漫　优雅

恐怖　严肃

都市生活有着超凡的魅力：日渐加快的时代节奏，日趋紧张的生活压力，丰富奢侈的物质享受，激烈刺激的商业竞争，悠然写意的偷闲一刻。

在都市生活万立面的折射中，现代都市人的精神崇尚，生活态度和情感关系也在同一时刻被无声无息的改变着，而这所有的一切也同时赋予了城市的情感。

概念：大自然的色彩使人产生各种感觉，陶冶着人的情操，不同的心情对不同的颜色有相对应的认同感，所以说颜色是情感的指示灯。而我们的目的就是以装置为载体，实现城市的情感。在你、我、他的互动中表现出来。

展示平台：现实载体，虚拟载体。

互动平台：网络，现场互动。

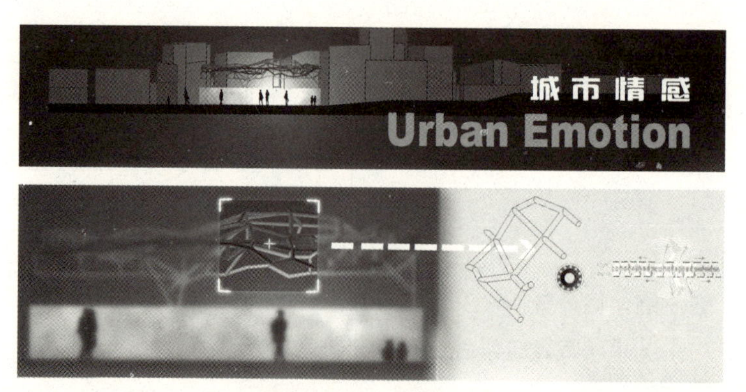

Construction diagram 灯源被安置在半透明的管子中，管子具有良好的透光力，通过控制灯源，整个装置会呈现出不同的色彩氛围。

Interactive device 一块块不同颜色的瓷制数字地板被嵌在地面里，随着现场人们的参与互动，传感器会将数据传输到控制器中。它与网络连接，并构成了互动平台。这既是城市情感的呈现又是一场游戏的开始。

城市情感以虚拟的状态呈现出来，它可以出现在校园，室内等地方。

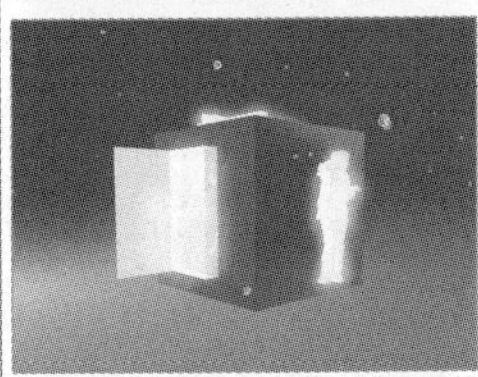

外部透视

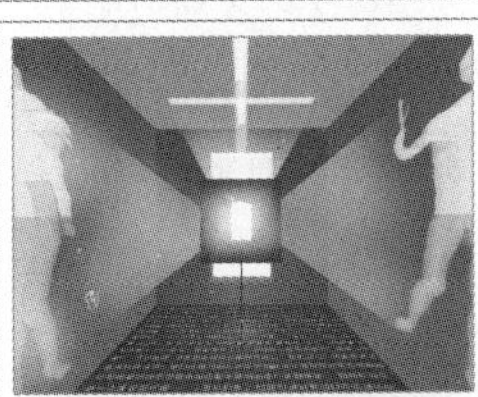
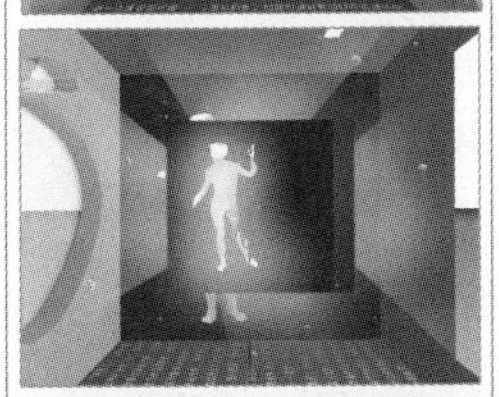
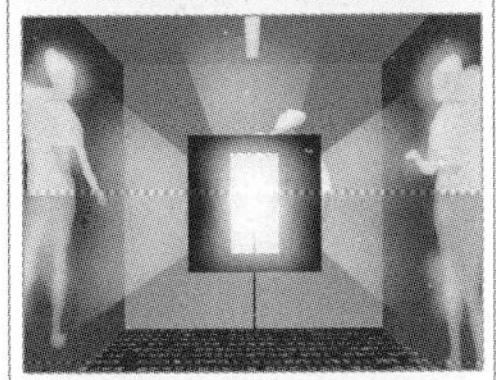

内部透视

光·影·现实

LIGHT SHADOW REALITY

学　　生：王　晖　覃清硖　陈昆鲲　韩　斐
院　　系：清华大学建筑学院

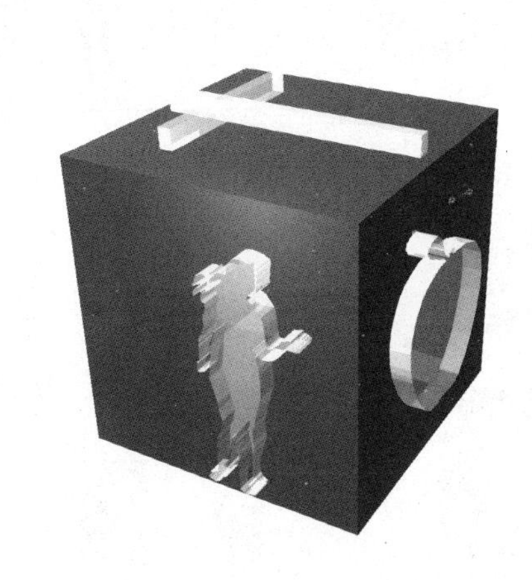

光是第一个存在物？

《创世纪》——上帝说："要有光。"光就出现了。上帝把光、暗分开了。上帝称光为"昼"，称暗为"夜"。过了晚上，到了早晨，是第一日。从世界的原初之处，光就被赋予了最优先地位。

洞穴幻象

关于我们所生活的现实世界，柏拉图有一个著名的比喻——"洞穴幻象"：囚徒们背对着洞口坐在洞穴中，只能依靠出现在洞窟中的投影来推测洞窟以外的世界。用现代的语言可以转译为：我们体验到的三维空间也许仅仅是更高纬度空间的投影。

光与维度

当重新审视柏拉图的比喻时，我们追问：投影是如何产生的？——显然，投影来自于光。光跨越了维度的牢笼，连

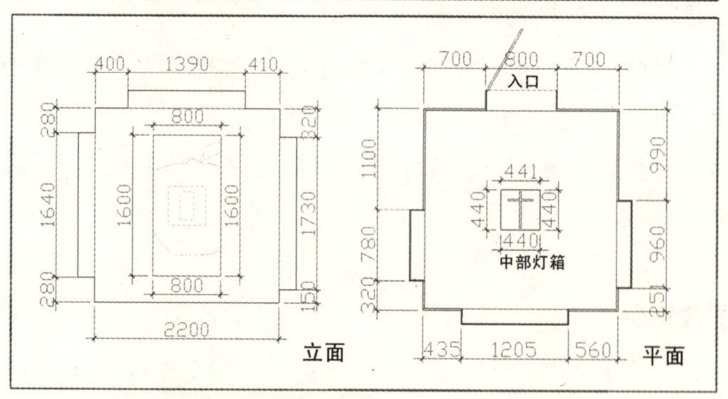

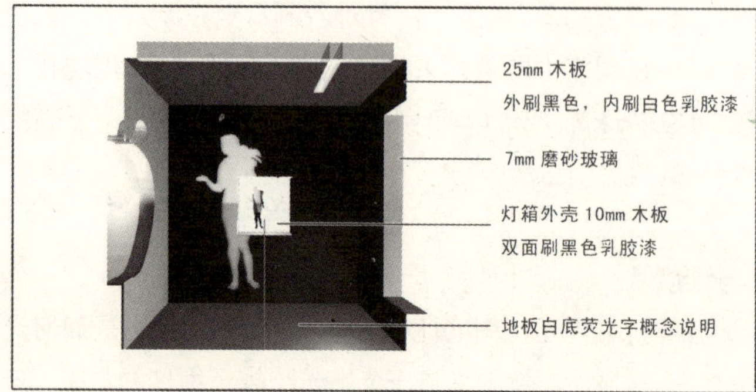

接了低维与高维，塑造出我们眼中的世界。

超现实

路易斯·康说："物质是光的残骸"。这个装置作品模拟了"光——投影——真实——物体"的生成过程。由光的投影冲压出的三维立体物，表现了《创世纪》所记述的伊甸园里的情节，希望诱发人们对于超现实主义的、更高维度空间的遐想。

真实

从本质上讲，本装置是基于光源的物质性而引发的对其与世界关联的思考的产物。作为被困在三维洞穴中的囚徒，当我们以光为线索重新思考什么是"真实的世界"、什么是世界的本原时，是否会得出如下的悖论——浮光掠影才是惟一的真实。

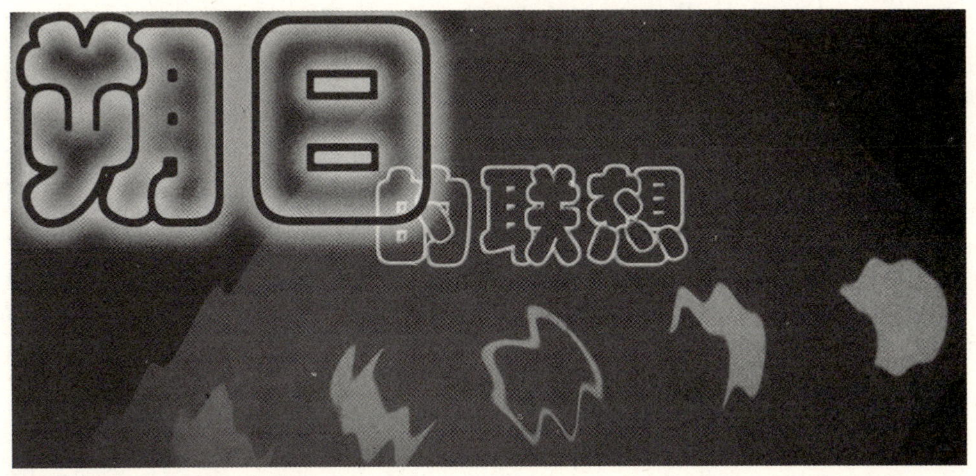

学　　生：李　颖
院　　系：中央美术学院建筑学院

听说所有的日食都发生在"朔日"，那天月亮照到了太阳与地球之间的直线上……"明月"变成了"月影"。

平日无论多么爱摆Pose，但我们看到的都是她发光的姿态，只有那个特殊的朔日，它才会变成另一种角色，甘愿成全太阳的上演……

通常的照明设计更多的注重光源在发光时的光效，也理所应当的认为光源一定要发光才有光效，但光源本身在不发光时，是否也可以成为其他发光体的媒介共同参与光效？是否可以兼顾到"亮与暗"两种形态，就像"月光与日食"。平日的"光源"——月亮在日食的时刻变为"影"，借助其他"光源"——太阳一起完成光的传递。

该景观设施设计正是利用了这样的双重性使同一光源本身在其发光与不发光两种情况下都能展示自身姿态：

A 纵向细条状发光体作为遮挡物在壁内呈现的效果。

B 纵向细条状发光体作为发光部分内呈现的效果。

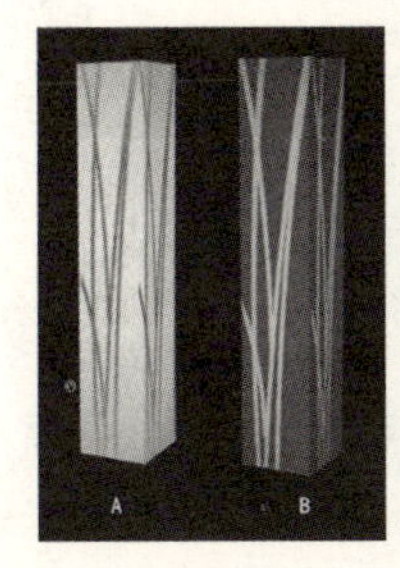

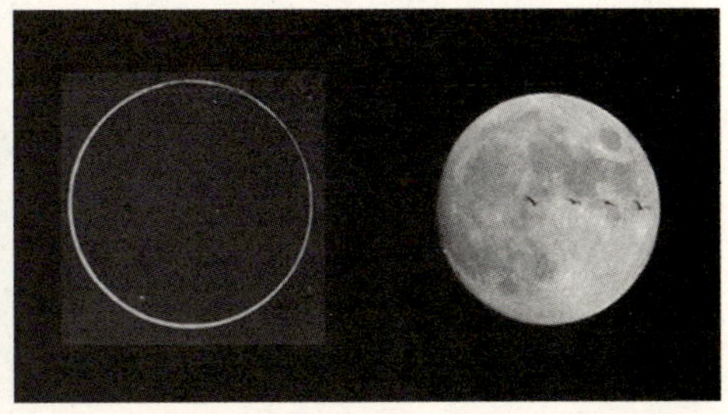

影动

学　　生：曹　晨
院　　系：武汉科技大学城建学院

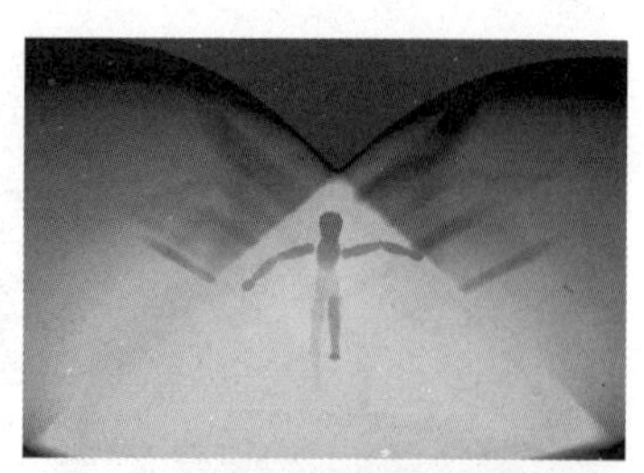

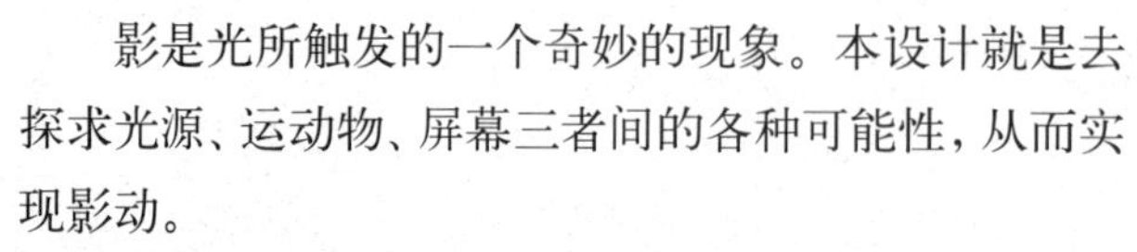

影是光所触发的一个奇妙的现象。本设计就是去探求光源、运动物、屏幕三者间的各种可能性，从而实现影动。

A组装置中，伸展双臂的人受到了四个不同空间位置的平行聚光灯的照射，在彩色幕墙上形成了三人围抱的动态影像。色光的叠加使得影子有了颜色，红色为前进色，绿色为后退色，两种色彩的组合使得影像有了前后景深。

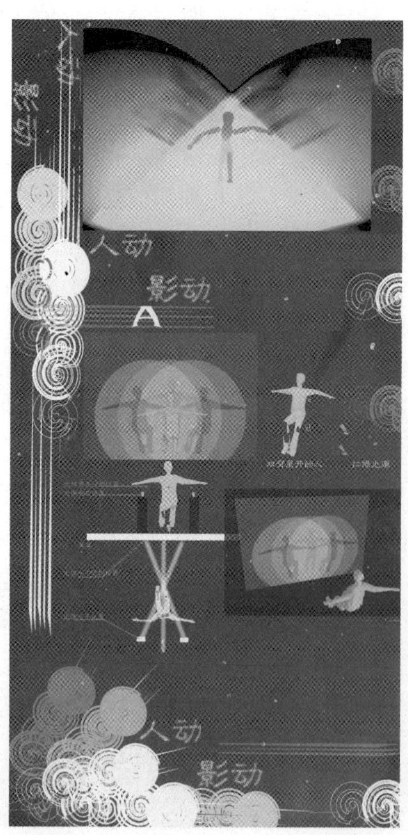

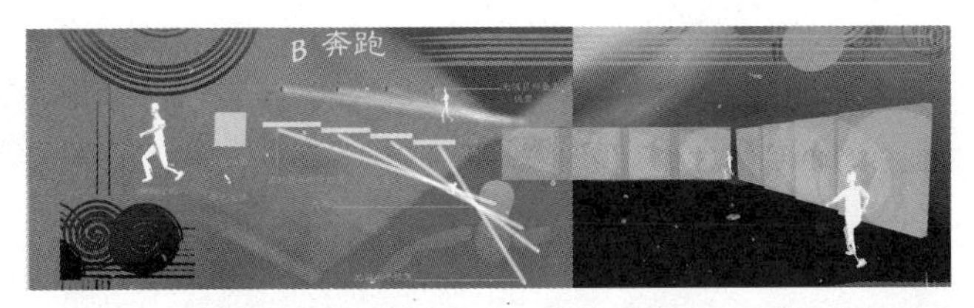

B 组装置通过不同位置的地光的光束，使奔跑中的人的影像呈现在错落并向前延伸的墙面上，为人创造了影子与他们自己一同奔跑的视觉感受。黄色光与红墙的色彩混合呈现的是一种欢快、律动的橙色。

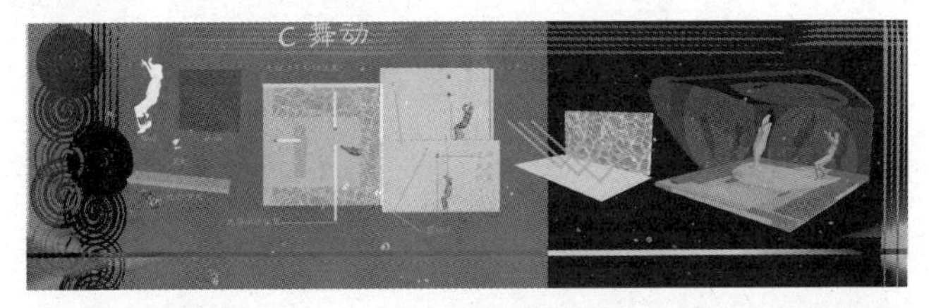

C 组装置是通过将舞动的人和律动的喷泉以及波动的水面进行组合，用不同位置的灯光分别照射，最后形成了人影、水影、波光三者之间的舞动。这是一组奇妙的组合。

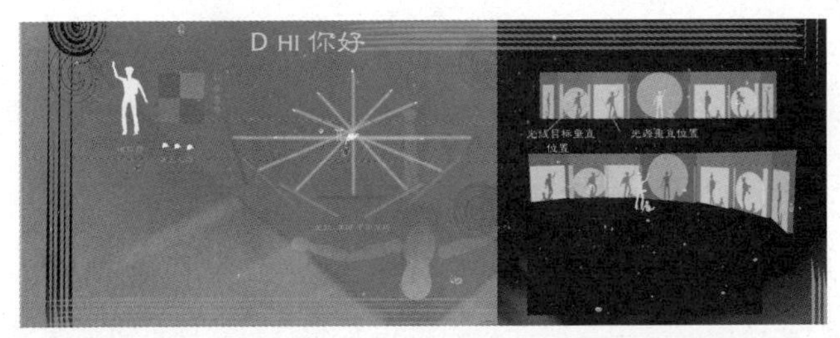

“HI 你好”通过环绕光源的照射，将人的影像投射到扇状布置的幕墙上，旨在表达人与影通过幕墙互相给予问候和敬意，这是一种间于意念和客观存在之间的交流，这也说明了光不单单是形式的原动力，它还是意念空间和情感的创造者。

光和影的关系是多变的，各种可能性取决于光源、被射物（形式）、幕墙的位置和色彩关系。所举的四个例子并非全部，示例只是要表达我对光的思考：光是视觉的基础，光是形式的原动力，但它非惟一的决定因素，形式的形态也决定了形式，这种作用最直接的表征就是影像。通过对光的反面——影艺术化组合，创造了给人感官刺激的形式和催发了人在意念上的奇妙感受。

光的迷宫

学　　生：王　涛
院　　系：四川美术学院设计艺术系

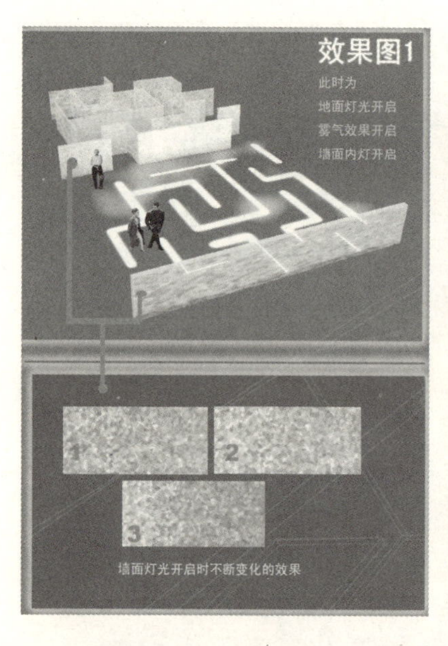

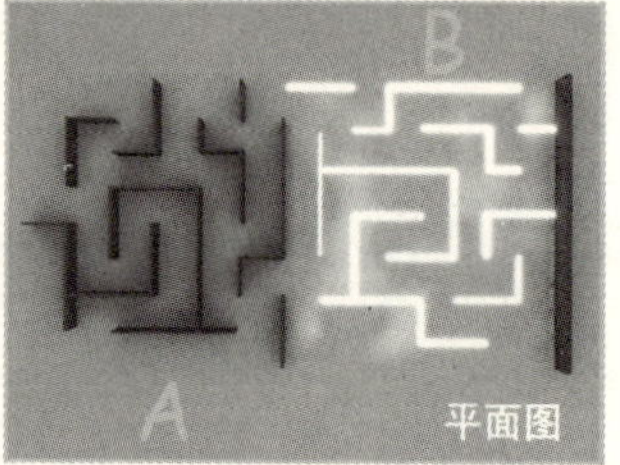

人们所看见的万物都是由光所传递的视觉信息，但光所传达的信息不一定都是准确的，不一定都是可用的。当我们面对不可用光的信息，视觉可能会失去主动性，而依靠其他的感觉来判断事物，然而这个时候的视觉是被动的，更加纯粹，更接近潜意识，因此这时候人与人的视觉感受差异性会最大限度地释放出来。

让观众身处于一个迷宫之中，面对用光效制造变化的墙面，在不至于迷失的情况下，最大限度的让光不可用，也就是让光在这个时候不作为观众观察事物，看清空间关系的载体，而只是作为光本身，它的变化带给观者的感觉也就并不单单是看到什么这样的简单了。

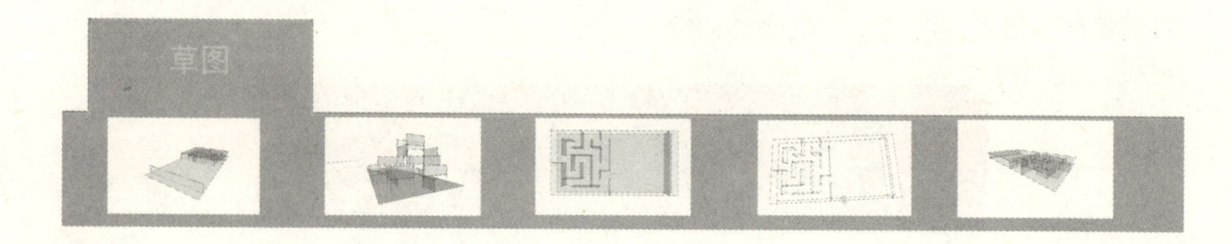

参考文献

[1] [美]约翰·雷华德著.印象派绘画史（上下册）.平野，殷鉴，甲丰译.岭南人校.桂林：广西师范大学出版社，2002:10-12.

[2] 大英视觉艺术百科全书（中文版）.台湾：台湾大英百科股份有限公司，1994.

[3] 琼斯·伊顿著.形式与设计.米永亮译.上海：上海书画出版社，1991:13-28.

[4] [美] 多恩·谢夫著. 美国纽约摄影学院摄影教材.孙建秋，官小林等译.孙明经等校.北京：中国摄影出版社，1986.

[5] [美] 莱斯利·施特勒贝尔著. 摄影师的视觉感受.陈建中等译.北京：中国摄影出版社，1986.

[6] [美]鲁道夫· 阿恩海姆著.艺术与视知觉.滕守尧,朱疆源译.成都: 四川人民出版社，1998：406-410.

[7] [美]鲁道夫·阿恩海姆著.视觉思维.滕守尧译. 成都: 四川人民出版社，1998:367-393.

[8] 顾大庆著. 设计与视知觉.北京：中国建筑工业出版社，2002.

[9] [英] W.C.丹皮尔著.科学史——及其与哲学和宗教的关系.李珩译.张今校.桂林：广西师范大学出版社，2001：175-178.

[10] [奥]马赫著.感觉的分析.洪谦等译.北京：商务印书馆，1977：1-5.

[11] 赵敦华.现代西方哲学新编.北京：北京大学出版社，2001：101-113.

[12] 张汝伦.现代西方哲学十五讲.北京：北京大学出版社，2003：212-218.

[13] B·R·赫根汉著.心理学史导论（上下册）.郭本禹等译.上海：华东师范大学出版社，2004.

[14] M.W.艾森克，M.T.基恩著.认知心理学（上下册）.高定国，肖晓云译.荆其诚校.上海：华东师范大学出版，2002：89-92.

[15] 荆其诚，焦书兰，纪桂萍.人类的视觉.北京：科学出版社，1987：114-118.

[16] 章明.视觉认知心理学.上海：华东师范大学出版社，1991：200-204.

[17] 杨公侠.视觉与视觉环境（修订版）.上海：同济大学出版社，2002：37-41.

[18] 杨雄里著.视觉的神经机制.上海：上海科学出版社，1996.

[19] 李道增.环境行为学概论.北京：清华大学出版社，1999.

[20] 徐磊青，杨公侠.环境心理学——环境、知觉和行为.上海：同济大学出版社，2002：12-18.

[21] 戴维 · 肯特著.建筑心理学入门.谢力新译.北京：中国建筑工业出版社，1988.

[22] [美] 阿摩斯 · 拉普拉特著.建成环境的意义.黄兰谷等译.北京：中国建筑工业出版社，2003：2-21.

[23] [英] 布赖恩 · 爱德华兹著.可持续性建筑.周玉鹏等译.北京：中国建筑工业出版社，2003.

[24] [意]布鲁诺 · 赛维.建筑空间组合论.张似赞译.北京：中国建筑工业出版社，1988.

[25] [奥] 卡米诺 · 西特著.城市建设艺术.仲德昆译.南京：东南大学出版社，1990.

[26] 吴良镛著.人居环境科学导论.北京：中国建筑工业出版社，2001.

[27] S · E · 拉斯姆森著. 建筑体验.刘亚芬译.北京：知识产权出版社，2003.

[28] 王建国，张彤编著.安藤忠雄.北京：中国建筑工业出版社，1999.

[29] 刘先觉编著.密斯 · 凡 · 德 · 罗.北京：中国建筑工业出版社，1999.

[30] 项秉仁编著.赖特.北京：中国建筑工业出版社，1999.

[31] [美]梅莉 · 希可斯特著.建筑大师赖特.成寒译.上海：上海文艺出版社，2001.

[32] 李大夏编著.路易斯 · 康.北京：中国建筑工业出版社，1993.

[33] 王贵祥.东西方建筑比较——文化空间图式及历史建筑空间论.北京：中国建筑工业出版社，1999.

[34] [日]安藤忠雄著.安藤忠雄论建筑.白林译.北京：中国建筑工业出版社，2003.

[35] 陈志华.外国建筑史.北京：中国建筑工业出版社，1988.

[36] 詹庆旋著.建筑光环境.北京：清华大学出版社，1998.

[37] 石晓蔚著.室内照明设计原理.香港：香港天地图书有限公司，1996.

[38] 石晓蔚著.室内照明设计应用.香港：香港天地图书有限公司，1996.

[39] P.R.Boyce.Human Factors in Lighting.London：Applied Science Publishers LTD，1981.

[40] William M.C.Lam.Perception and Lighting as Formgivers for Architecture. Mcgraw-Hill Book Company.1977.

[41] 郝洛西.视觉环境的非量化设计研究：[工学博士学位论文].上海：同济大学，1998.

[42] 刘彤昊.建造研究批判：[工学博士学位论文].北京：清华大学，2004.

[43] 常志刚.基于光视空间概念的光与空间一体化设计研究：[工学博士学位论文].北京：清华大学，2004.

后 记

本书是作者多年教学实践的积累和总结，书中的内容汇集了作者在几个学校所教授的多门课程中的教学资料，比如华侨大学的“室内设计”、“光与空间设计”课程，清华大学的“建筑光环境”课程，中央美术学院的“建筑设计”、“建筑物理”、“光与空间设计”等课程。作者的探索也曾受到全国高等院校建筑学专业指导委员会和评估委员会的好评。

为此感谢华侨大学建筑学院、清华大学建筑学院、中央美术学院建筑学院对于作者科研和教学的大力支持，感谢所有为本书提供素材的同学们。

本书的观念主要来自于作者所主持的两项国家级科研项目(“基于亮度空间概念的空间视觉设计与照明节能统一性研究”和“建筑环境中光与空间一体化动态设计之理论模型研究”)的研究成果。为此感谢国家自然科学基金（项目批准号：50208009）和全国艺术科学“十五”规划2001年度课题立项（批准号：01CF57）的资助。

感谢中国建筑工业出版社的李东禧主任和唐旭编辑。

感谢刘晶晶、张帆、胡熠等同学，她们为本书做了大量繁复的图文整理工作。

感谢我的妻子郭丹和我的家人们，他们背后的支持和敦促让我能够专心完成写作。